超進化802.11高速無線LAN教科書

MIMOからMassive MIMOを用いた伝送技術とクロスレイヤ評価手法

博士（工　学）　西森健太郎
博士（情報学）　平栗　健史　共著

コロナ社

ま え が き

　現在，スマートフォンや Wi-Fi は私たちの生活には欠かせないツールとなっている。また，これらで要求される伝送速度は，20 年前からは想像できない速度が実現しており，これは次世代無線通信方式によりさらに進化するだろう。一方，無線通信システムが使用できる周波数帯は非常に限られているため，「限られた周波数帯域において，いかに伝送速度を向上させるか」は，無線通信システムにおける永遠の課題であり，これまでもさまざまな技術によってこの課題が克服されてきた。この中で，本書では，伝送速度を向上させる大きなきっかけとなり，今では無線通信のスタンダードとなっている OFDM（orthogonal frequency division multiplexing）をいち早く導入した IEEE 802.11 の無線 LAN 標準と，MIMO（multiple input multiple output）技術を解説するとともに，無線 LAN を用いた MIMO 伝送の特性や評価方法を解説することを目的としている。

　近年，MIMO 技術に関しては，LTE（long term evolution）や IEEE 802.11n の標準規格に採用されたことをきっかけとして，MIMO の原理や基礎特性を記載した教科書は多く出版されている。一方，無線 LAN の規格を網羅した教科書もいくつか出版されている。しかし，無線 LAN の標準規格書は，あくまでも規格で策定されている機能が記載されているだけであり，その技術が採用されている意味や目的が述べられていないので，どのように MIMO 伝送に結びつけるか，ということを初学者が検討することは非常に難しい。また，無線 LAN を含め，実際のシステムでどのように MIMO 伝送を評価したらよいかといった観点で詳細な記載が行われている教科書はこれまで見当たらなかった。

　本書の著者である西森と平栗は，IEEE 802.11a から始まり，最近の無線 LAN の標準化に携わった経験と，MIMO 等のアレーアンテナを用いた空間信号処理技術に関する最先端の研究開発に，それぞれ 20 年近くにわたり携わってきた。そこで，実際の無線 LAN 規格を用いた MIMO 伝送を評価するため，比較的簡単な手法でツールを開発しようというモチベーションから本書を作成するきっかけとなった。著者の 1 人である西森は，物理層（PHY 層）におけるアダプティブアレーから MIMO 伝送に至るまでのアンテナを含む信号処理の先駆者であり，もう 1 人の著者である平栗は，MAC 層以上の無線通信アクセス制御技術に関しては，国内でも数少ない専門家である。これまでの研究開発の経験（＝人生）のすべてを注力し，本書の著者以外では実現できなかった，PHY 層と MAC 層技術の融合，すなわち，クロスレイヤ技術の解説を体系的にまとめることができたことは非常に大きな意義があると確

信している。

　本書をまとめるにあたり，無線通信を実現するためには個々の技術が重要なのはいうまでもなく，総合的に無線通信システムを考えることが必要であり，「無線通信の総合力」が必須であることを痛感した。以上の背景に基づき，本書では，まず 2〜4 章で無線 LAN の基礎を体系的に学習することができる。5 章では MIMO の基礎から次世代無線通信のキー技術である Massive MIMO までをまとめている。なお，5 章について本書を超える部分は，2014 年に著者が出版した「マルチユーザ MIMO の基礎」を参照いただければ幸いである。6 章では，これまでの章の内容をもとに IEEE 802.11ac を例にとり，マルチユーザ MIMO 伝送の評価方法とその特性を示している。また，付録では本書で使用するおもな記号リストをまとめているので，理解の助けとしていただきたい。

　本書を通じて，無線通信を実現するためには総合力が必要であることを実感していただきたい。また，本書のサブタイトルとして，今後も発展が想定される MIMO 伝送を用いた無線 LAN の教科書のスタンダードとなるべく，「超進化 802.11 高速無線 LAN 教科書」というタイトルを与えさせていただいた。本書が無線通信のさらなる発展に寄与すれば幸いである。

　2017 年 8 月

西森　健太郎，平栗　健史

最後に，本書は，電子情報通信学会・通信ソサイエティ・コミュニケーションクオリティ研究会の第二種研究会第 1 回基礎講座ワークショップで用いたチュートリアル講演での資料をもとに執筆されている。本書の執筆にあたり，多大なるご協力をいただいた，また貴重な機会を与えていただいた，当該研究会ワークショップで実行委員長の高橋　玲 様，実行委員会幹事の梅原大祐先生，松田崇弘先生，実行委員会メンバーならびに事務局の浅見未香 様に感謝するとともに，いつも励ましと癒しを与えていただいている著者らの愛すべき家族に感謝します。

目　　　　次

1.　は　じ　め　に

2.　無線 LAN の基礎知識

3.　無線 LAN の PHY 層の概要

4.　無線 LAN の MAC 層の概要

5.　シングルユーザ，マルチユーザおよび
Massive MIMO の基礎

6.　無線 LAN における MIMO の性能評価

1 | は　じ　め　に

1.1　技　術　背　景

　携帯電話の最新規格である LTE（long term evolution）[1]† や IEEE 802.11 規格を用いた無線 LAN[2],[3] に代表されるブロードバンド無線システムは，PC，スマートフォン，タブレット，ゲーム機などに実装もしくは接続することが可能となっている。さらに，これらのシステムは，つぎの世代に向けてさらなる高度化・高速化をとげている。この流れは第 5 世代移動通信システム（5G）に向けた開発につながるものとなる。

　「限られた周波数帯域において，いかに伝送速度を向上させるか」という課題は，無線通信システムにおける永遠の課題であり[4],[5]，これまでもさまざまな技術によってこの課題が克服されてきた。**図 1.1** にこの 10 年間における携帯電話の加入者数の推移を示す[9]。図から明らかなように，すでに 2007 年には，携帯電話は 1 億台を突破した。さらに，スマートフォンや無線 LAN の普及に伴って高速なデータを多くのユーザが使用する時代となっており，1 人が 1 台のみならず，2 台以上の携帯端末を所有する時代となっている。

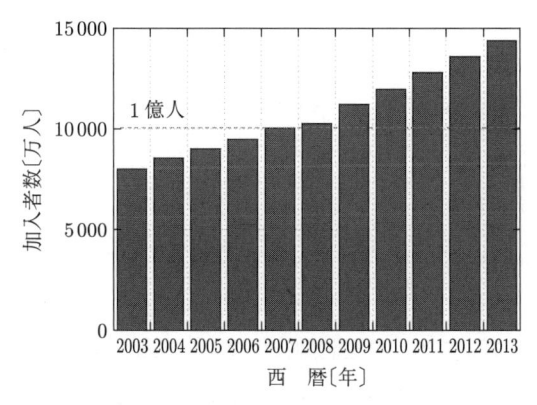

図 1.1　携帯電話加入者数の推移
（「通信白書」2014[9] より）

---

† 肩つき番号は巻末の引用・参考文献を表す。

伝送速度の向上という観点から，技術的な発展と照らしあわせて考えると，21世紀に入り，CDMA（code division multiple access）[6],[7]を基本とする第3世代移動通信システムが導入され，LTEを実現する商用サービスも2010年より開始された[1]。また，無線LAN[2],[3]もさまざまな場所で使用でき，WiMAX[8]では移動環境でも数十Mbpsの伝送が可能となっている。図1.2に，携帯電話と無線LANシステムにおける年代に対する商用サービスの伝送速度の推移を示した。LTEやIEEE 802.11n準拠の無線LANでは伝送速度が100Mbpsを超え，ユーザにとって非常に利便性の高いサービスが実現されている。現在ではさらに高速化され，200〜300Mbpsのサービスが提供されている。「限られた周波数帯域における無線通信サービスの実現」という前提に立つと，これらのシステムではいずれも5bps/Hz（100Mbps/20MHz）を超えた周波数利用効率を達成している。さらに，LTE AdvancedやIEEE 802.11acではさらにこの10倍以上の伝送速度を達成することが規格として盛り込まれている。

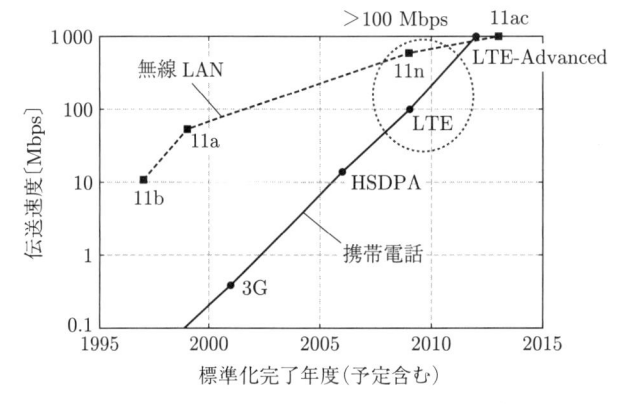

図1.2 携帯電話と無線LANの伝送速度の推移

こういった性能向上の背景には，当然ながら目覚ましい技術の進展が背景にある。半導体デバイスの進歩によりディジタル信号処理がより現実的な手段となった。OFDM（orthogonal frequency division multiplexing）技術[10]〜[12]が導入されたことにより，各周波数チャネル（サブキャリア）でフラットフェージングチャネルを生成することができ，マルチパスフェージング下でも広帯域無線通信を活用できるようになったことも非常に大きな成果である。

さらに，OFDMにおけるインターリーブ技術，Turbo符号やLDPC（low-density parity-check code）などの誤り訂正技術，再送制御技術などの発展により，十数年前の移動通信では難しいと考えられていた16QAM，64QAMなどの多値変調の適用が可能となった[10],[12]。ただし，これらの技術を用いたとしても，やはり限界がある。先に述べた非常に高い周波数利用効率を達成するためのブレークスルーは，MIMO（multiple input multiple output）技術の導入であるといえる[13],[14]。じつは，図1.2の100Mbpsを超える伝送速度の実現は

MIMO 技術を適用することで達成されている。したがって，2000 年に入ってからの無線通信システムの発展を最も支えた技術は，MIMO 技術であるといえる。

　MIMO とは，送信局と受信局の両方に複数のアンテナ（アレーアンテナ）を用いることにより，i) 伝送速度の向上，ii) 信頼性の向上の，いずれかもしくは両方を実現可能とする技術である[16],[17]。MIMO 技術は無線 LAN システムに導入されたことをきっかけに，WiMAX や LTE にも導入され，いまや無線通信システムにとって欠かせない技術となっている。

　MIMO 技術は，空間領域におけるアレーアンテナを用いた信号処理技術であると解釈できる。空間領域におけるアレーアンテナを用いた信号処理技術として MIMO とは異なる手法で，システム全体の周波数利用効率を向上させる技術がこれまで検討されてきた。これは，SDMA（space division multiple access）と呼ばれる技術であり[19]~[21]，ちょうど MIMO 技術の提案から少し前にそのコンセプトが提案されている。

　図 **1.3** に SDMA の概念図を示す。SDMA は図に示すように，アダプティブアレーアンテナ[41],[42] を基地局（AP：access point）側に用いて複数の異なる指向性を形成することで，同一時間（t_1），同一周波数（f_1）で複数のユーザと通信することを可能とする。無線通信システムにおいて，複数のユーザと通信するためのアクセス方法（多元接続）として，TDMA（time division multiple access）や FDMA（frequency division multiple access）が商用システムでおもに用いられている[5]。TDMA，FDMA はそれぞれ，時間，周波数の違いで複数のユーザと通信することを可能とする。ただし，どちらの方法を用いても，周波数利用効率はユーザ数分だけ低下することになる。SDMA では，AP のアンテナ本数分のユーザを同時に接続でき，形成される複数の指向性は直交する。ここで，直交とは，ユーザ 1 の方向に形成した指向性は，他のユーザ（2, 3）の方向には形成されない。すなわち，他ユーザの方向には指向性のヌルが形成される。このように，SDMA は TDMA，FDMA と比べて，複数ユーザが存在する環境下で高い周波数利用効率を得ることができる。

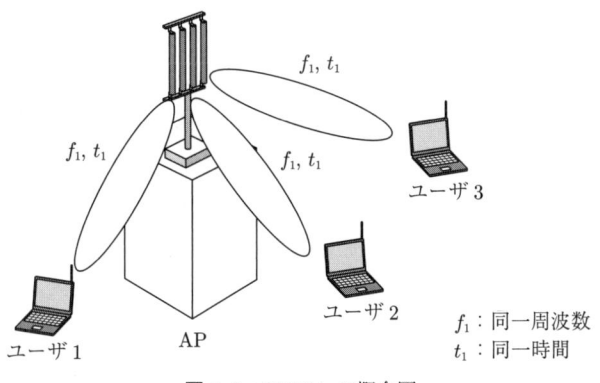

図 1.3　SDMA の概念図

通常，SDMA では，図 1.3 に示すようにユーザ側のアンテナ数は 1 であるが，SDMA に MIMO の考え方を導入することも可能である。これは，ユーザ側のアンテナを複数にすることである。ただし，ユーザ側にはハードウェア規模の制約から，多くのアンテナを有することが困難である。そこで，AP には多くのアンテナを有し，複数のユーザと AP の間における MIMO による通信を実現することを考える。これは，一般にマルチユーザ MIMO（MU-MIMO）[22)~25)] と呼ばれている。MU-MIMO は，無線 LAN の最新規格として検討が進められている IEEE 802.11ac[3)] や，最新の移動通信の規格として検討が進められている LTE-Advanced[29)] などにおいて導入が予定されている。MU-MIMO と対比するために，1 人のユーザが AP と MIMO による通信を行う場合をシングルユーザ MIMO（single user MIMO：SU-MIMO）と呼ぶ。さらに，MU-MIMO との対比がない場合は，断りなく SU-MIMO を単に MIMO と呼ぶことにする。

近年では，MU-MIMO を実現するために Massive MIMO といったコンセプトが提案されている。Massive MIMO では，AP のアレーアンテナ数がユーザの合計のアンテナ数よりも十分に多いことを想定しているため，ユーザ数が増加しても伝送速度はさほど低下しない利点を有する[26)]。本書でも Massive MIMO のコンセプトと基本特性を取り上げる。

1.2　本 書 の 内 容

SU-MIMO および MU-MIMO の検討では，これまでおもに送信側の指向性制御および受信側の復号技術がフォーカスされてきた[22)]。すなわち，物理層（physical layer：PHY 層）における検討が多く行われてきた。しかしながら，SU/MU-MIMO では，送受信の間の伝搬特性を表す伝搬チャネル情報（channel state information：CSI）を利用することが大前提となるため，この情報取得のための効率を考慮することが実際には必要となる。すなわち，PHY レベルだけではなく，MAC（medium access control）層まで考慮した評価が必要不可欠である。本書では，無線 LAN の最新規格である IEEE 802.11ac を例にとり，SU/MU-MIMO の下り回線における通信効率をできるだけ厳密に評価することで，MIMO 通信の総合性能を定量評価することを目的としている。

まず，2 章では，無線 LAN の標準化として知られている IEEE 802 標準規格について，市販化されている技術や市場で注目されている機能を抽出して解説している。ここで説明しきれなかった点も多数あるため，具体的な評価を行うためには標準規格書のドキュメントを参照されたい。

3 章では，PHY 層の技術について紹介し，無線 LAN で用いられている OFDM の基礎から応用まで解説している。

　4章では，MAC 層の技術について紹介し，これまでの書籍ではあまり解説されてこなかった，無線 LAN で用いられている MIMO や MU-MIMO 伝送を用いたときのアクセス制御を紹介するとともに，そこで用いられるフレームフォーマットの紹介やスループット特性の簡易的な理論計算方法について解説している。

　5章では，シングルユーザおよびマルチユーザ MIMO の基礎について，丁寧に解説している。本書では，シングルユーザとマルチユーザ MIMO（SU/MU-MIMO）についての基本項目を特に，初心者でもわかるように解説をしたつもりであるが，まだ難しいと感じられた人も多いかもしれない。さらに本領域の検討をさらに掘り下げる場合は，著者の「マルチユーザ MIMO の基礎」[25]を参考にして検討を進めていただきたい。

　6章では，無線 LAN の MIMO，SU-MIMO，MU-MIMO 伝送のネットワーク構成を例として，PHY と MAC が連携した評価方法を示すとともに，SU-MIMO と MU-MIMO におけるスループットと伝送効率を PHY と MAC の両方を考慮して評価している。MAC 効率まで考慮した場合，MU-MIMO が SU-MIMO よりもスループットや伝送効率が向上するわけではないことが明らかとなった。また，両者で有効となる適用領域は使用するパラメータに大きく依存することも考察している。また，MU-MIMO では CSI フィードバックに伝送効率の低下が大きく，CSI フィードバックを排除するインプリシットビームフォーミングが有効であることを解説している。

　本書では，限定されたアンテナ数で評価を行ったが，近年は AP に 100 素子以上のアンテナを用いる Massive MIMO といった技術[65]~[67]が次世代移動通信（5G）システムにおけるキー技術として注目されている。Massive MIMO では，非常にアンテナ数が多いため，CSI の取得という観点では，たとえインプリシットビームフォーミングを適用したとしてもオーバヘッドが大きくなることが考えられる。今後，CSI の取得という観点から Massive MIMO における研究開発を行うことは非常に重要であるといえる。

　一方，非常に多くのユーザや「もの」を対象としたセンサネットワークが注目を集めている。こういったシステムでは伝送速度はそれほど必要としないものの，非常に多くのユーザを扱う必要がある。また，MIMO 伝送を用いた無線 LAN との共存も重要である。このような場合，低速伝送のシステムが高速伝送のシステムの伝送効率を低下させる可能性がある。効率的なアクセス制御を考慮しつつ，既存システムへの効率も考慮した検討が必要となるであろう。

　これらの各章を通して読んでいただくことにより，MIMO 伝送とそれに係る無線 LAN で採用されているおもな技術を理解することができる。また最後の 6章では，PHY 層と MAC 層がともに連携する技術や評価方法を学ぶことができるため本書の大きな特徴となっており，実際に研究などで検討を進める際にもお役立ていただくことができるかと思う。

2 | 無線 LAN の基礎知識

2.1　無線 LAN の標準化と機能

　本章では基本的な無線 LAN の機能や技術，関連する標準化動向に関する概要を解説する。

　無線 LAN は，IEEE 802.11 と呼ばれる標準化団体で規格化されたシステムであり，この規格は PHY 層と MAC 層の機能から成り立つ。無線 LAN は，有線 LAN を無線化するために考案されたことから，MAC 層のアクセス制御は基本的にはイーサネットで採用されている CSMA/CD（carrier sense multiple access with collision detection）をベースとした，CAMA/CA（carrier sense multiple access with collision avoidance）が通信プロトコルとして使われている。CSMA とは，搬送波感知多重アクセス技術であり，通信を開始（信号の送信）する前に一度受信を試みることで，現在通信（信号の送信）をしている通信局が自身以外に他にあるかどうか搬送波感知（キャリアセンス）によって確認する。すなわち，信号の送信を試みようとした場合には，それぞれの通信局が事前に聞き耳を立てて伝送路の使用状況を確認し（キャリアセンス），他の通信局による送信信号が聞こえている間は送信を見合わせる。これにより信号の衝突をできるだけ回避する方式である。IEEE 802.11 標準規格の技術は，年々進化し，PHY 層は，OFDM や MIMO，MU-MIMO など革新的な技術が採用され，高速化や高機能化が図られているが，この MAC 層のアクセス制御方式は，新しい規格が制定されても，CSMA/CA 方式を基本的方式として採用され続けている。

　無線 LAN の標準規格について，これまでの動向を簡単に紹介する。無線 LAN は，IEEE 802.11 作業部会（working group：WG）において標準化が進められており，1997 年 6 月に最初の標準規格が発行されている。IEEE 802.11（以降，802.11 と呼ぶ）標準規格では，PHY 層と MAC 層の技術が策定されており，PHY 層は，無線 LAN の標準化において大きな発展をとげてきた。標準化発足後の当時，有線 LAN では 10 Mbps や 100 Mbps の伝送速度が実現されていたが，無線 LAN 規格では 1 Mbps と 2 Mbps の伝送速度であったため，市場での無線 LAN のメリットを十分に訴えることができず，このため，802.11 の規格が完成した直後から高速な無線 LAN 標準化の策定に向けて検討が開始された。この最初に標準規格化された無線

LAN を，一般的にはレガシー規格と呼び，レガシー規格では，周波数帯は 2.4 GHz 帯の ISM（industry science medical）バンドを用いた DSSS（direct sequence spread spectrum）の直接拡散方式などが用いられていたが，その後，CCK（complementary code keying）を採用することにより，最大 11 Mbps の伝送速度に向上させた。その後，1 次変調方式は BPSK，QPSK，16 QAM，64 QAM と多値数を上げ，現在の標準規格では 256 QAM が採用されるまでとなり，2 次変調も OFDM が用いられている。OFDM は無線 LAN だけでなく，地上デジタル放送やモバイルデータ通信サービスの WiMAX（worldwide interoperability for microwave access）や携帯電話の LTE（long term evolution）などのさまざまなシステム／サービスでも採用され，ブロードバンドと呼ばれる高速データ通信のほとんどのシステムで利用されている。最新の標準規格である 802.11ac では，PHY 層の追加・拡張により，最大で約 7Gbps の伝送速度を実現している。

2.2　無線 LAN ネットワーク構成

2.2.1　無線 LAN ネットワークのコンポーネント種別と定義

　無線 LAN の通信アーキテクチャは，端末（STA：station）の移動性を確保するための複数のコンポーネントにより構成される。本項では，このアーキテクチャに用いられるコンポーネントの種別と定義について解説する。

　通信アーキテクチャは，DS（distribution service）と呼ばれ，DS に含まれるおもなコンポーネントとしては，BSS（basic service set），基地局（AP：access point），DSM（distribution service medium），Portal，Integrated LAN がある。無線 LAN のネットワーク基本構成は，BSS と呼ばれる。BSS は，少なくとも二つの STA により構成される通信セルのことであり，STA 間で通信可能な距離は BSA（basic service area）と呼ばれ，当該 BSS のカバレッジエリアとなる。図 2.1 のネットワーク構成に示すように，各 BSS は，AP を介して DSM に接続されることにより，他の BSS や Integrated LAN と通信できる。

　AP は，自らにアソシエート（接続）している STA に対して DS へのアクセス権を提供する。また一つの AP に対して，複数の STA が接続することができるだけでなく，AP もまた STA の機能を備える。すなわち AP と STA の違いは，AP には STA を接続・収容する機能やバックボーンネットワークとの接続機能を具備している点が異なるだけで，通信プロトコルは STA と同じ CSMA/CA を用いている。これは，AP と STA が共通したチップを用いることが可能であり，無線 LAN のチップを開発する上でコスト的なメリットが大きく，無線 LAN デバイスが普及した大きな要因の一つである。DSM は，複数の BSS 間や，BSS と Integrated LAN との間で通信を行うための DS を実施するために用いられる媒体である。

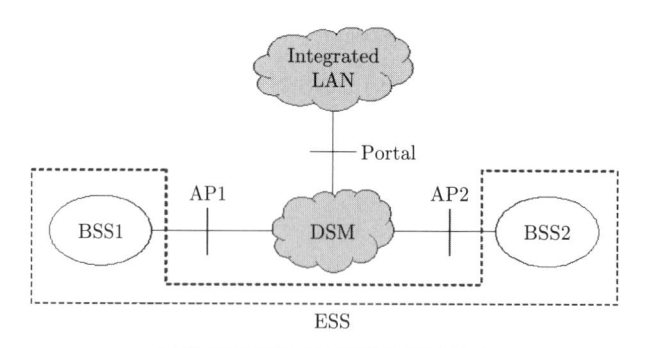

AP：access point
DSM：distribution service medium
BSS：basic service set
ESS：extended service set

図 **2.1**　無線 LAN の基本的なネットワーク構成

802.11 では DS の詳細については規定せず,「service」によって DS に必要な機能等を規定する。Integrated LAN は, 802.11 以外の有線 LAN（例えば, IEEE 802.3 LAN など）である。また Portal は, DSM と Integrated LAN との間の接点となる。

　DS により結合された複数の BSS について, これらのひとまとまりの単位を ESS（extended service set）と呼ぶ。同一の ESS に属する BSS の間を STA が移動した場合, 当該移動は LLC（logical link control）レイヤにおいてトランスペアレントである。すなわちこの場合には, LLC レイヤには移動に伴う変更が何も必要とされず, あたかも同一の BSS に接続し続けているように見える。DS 自体は ESS には含まれない。802.11 における DS の役割は複数の BSS 間, または BSS と Integrated LAN との間でデータメッセージを配信（distribution）することである。そのためには, 例えばデータメッセージの宛先となる STA がどこに存在しているかを一意的に決定する必要がある。DS により提供される基本的な五つのサービスの概要を, つぎに紹介する。

2.2.2　接続手順のための概要と運用規定

〔1〕　Association

　802.11 では, STA はいずれかの AP に所属することにより, DS によるサービスを受けることができる。STA が AP に所属するために提供されるサービスが「アソシエーション」であり, DS はこのアソシエーションにより STA がどの AP に所属しているかを把握し, 当該 STA を宛先とするデータメッセージを配信することができる。アソシエーション情報（STA がどの AP に帰属（アソシエーション）しているかについての情報）が, どのように DS に提供され, DS 内で蓄積・管理されるかについては 802.11 では規定されていない。

〔2〕　Reassociation

ある AP にアソシエーションしている STA が，他の AP にアソシエーションするために提供されるサービスである。これにより ESS では，ある BSS から他の BSS への STA の移動について AP と STA のマッピングが維持される。同一の AP について STA がアソシエーションの属性を変更するためには，Reassociation サービスを利用する場合もある。

〔3〕　Disassociation

AP と STA との間でのアソシエーションを終端するために提供されるサービスが「ディス・アソシエーション」である。ESS は，ディス・アソシエーションによりアソシエーション情報が削除される。ディス・アソシエーションは，AP または STA のいずれも主導して通知することができる。ディス・アソシエーションは「要求」ではなく，「通知」であるため他方は拒否することはできない。

〔4〕　Distribution

DS において，複数の BSS 間でデータメッセージを配信するために提供されるサービスが「ディストリビューション」である。すなわち DS は，AP を介して受信した STA からのデータメッセージをその宛先となる STA が所属する AP へ配信する。802.11 では，データメッセージの配信先を決定するために必要な情報をアソシエーションにより DS に提供することを規定するが，そのメッセージがいかにして DS 内で配信されるかについては規定していない。

〔5〕　Integration

DS において，BSS と Integrated LAN との間でデータメッセージを配信するために提供されるサービスが「インテグレーション」である。すなわち DS は，AP を介して受信した STA からのデータメッセージについて，その宛先が Integrated LAN のメンバーであるときはそのメンバーが所属する Integrated LAN に対応する Portal へ配信する。一方，Integrated LAN のメンバーから受信したデータメッセージについて，その宛先となる STA が所属する AP へ配信する。

その他に，5 GHz 帯の法規制領域での運用を満足するために要求される TPC（transmit power control）と DFS（dynamic frequency selection）がある。

〔6〕　TPC（transmit power control）

無線法規制（radio regulation）により，5 GHz 帯を利用する RLAN（radio local area networks）では，衛星通信サービスとの干渉を低減するために送信電力制御（法的な最大送信電力と許可された各チャネルに対する緩和要求を含む）が必要となる場合がある。「TPC service」は，この法的要求を満たすために使用され，以下の内容を提供する。

・STA の電力機能に基づく BSS 内の AP への「Association」

・当該チャネルにおける法的かつローカルの送信電力レベルの規定

・当該チャネルにおける送信ごとの送信電力の選択

・伝搬損失やリンクマージンなどの情報による送信電力の適応

〔7〕　DFS（dynamic frequency selection）

radio regulation により，5 GHz 帯を使用する RLAN では，レーダシステムと同じチャネルの運用を避け，利用可能チャネルの均等な利用率を確保するメカニズムが必要となる。「DFS service」は，この法的要求を満たすために使用され，以下の内容を提供する。

・STA のサポートするチャネルに基づく BSS 内の AP への STA の「Association」

・他の STA からの干渉なくレーダの存在を検出するための当該チャネルの送信禁止（Quieting による送信停止）

・チャネルを使用する前と当該チャネルでの運用中のレーダ検索テスト

・レーダを発見したときの運用停止

・当該チャネルと他のチャネルでのレーダの検出

・当該チャネルと他のチャネルにおける測定の要求と報告

・レーダ検出後の BSS，IBSS（アドホックモードの BSS）の移行をアシストするための新たなチャネルの選択と報知

以上のような基本的なサービス機能が規定されているが，無線 LAN 規格の新たな追加・拡張により，これらのサービス以外にもさまざまなサービスが追加されている。

2.2.3　ネットワーク構成の基本モード

無線 LAN のネットワーク構成として三つの基本的なモードが用意されている。**図 2.2** に各モードの構成を示す。無線 LAN のネットワーク構成には，利用する用途に応じて，おもに，図（a）のインフラストラクチャーモード（以降，インフラモードと呼ぶ），図（b）のアドホックモード，図（c）のブリッジモード（あるいは WDS：wireless distribution system）がある。これらのネットワーク構成について以下に概要を説明する。

〔1〕　インフラモード

図（a）に示すように，インフラモードは AP と AP に接続する STA により構成される。1 台の AP とその配下に帰属する一つないし複数の STA で構成されるセルを BSS と呼ぶ。STA は AP とマネージメント機能によって論理的な接続（Association）を確立する。AP はイーサネットなどのバックボーンネットワークを介し，インターネットなどの外部ネットワークと通信を行う。すなわち AP の機能は，無線 LAN で用いられるレイヤ 2 のデータリンク層（MAC 層）の機能を終端し，STA が送受信するパケットを無線 LAN とイーサネットのデータリンク層間の中継を行う。また AP 配下に帰属する STA どうしの中継も行う場合には，無線 LAN のデータリンク層は終端されずパケットが転送される。

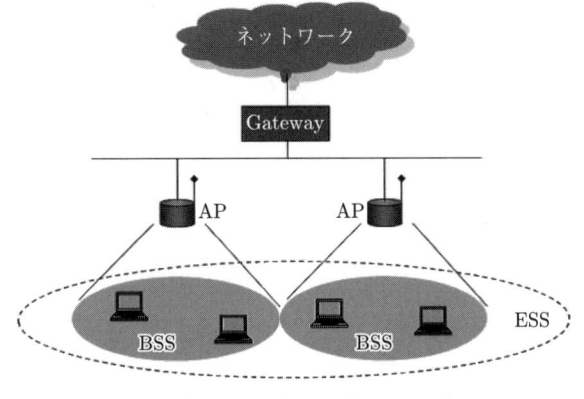

(a)　インフラストラクチャーモード

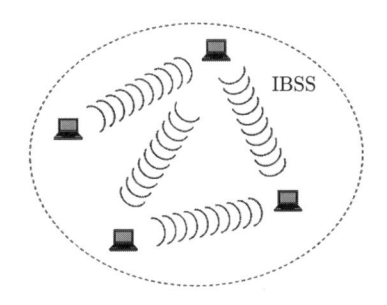

(b)　アドホックモード

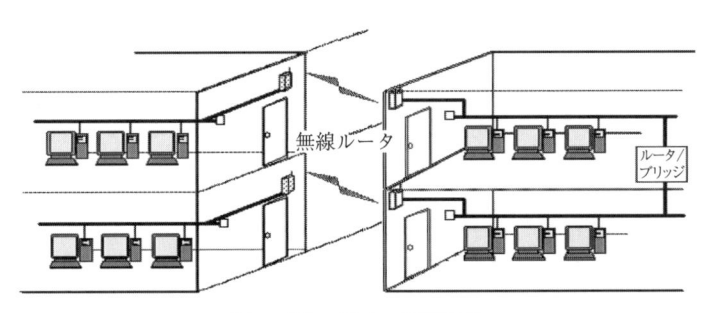

(c)　ブリッジモード(WDS)

図 **2.2**　三つの用途によるネットワーク構成

〔**2**〕　アドホックモード

図 (b) に示すように，アドホックモードは AP を必要とせず，STA のみで構成される。これをインフラモードの BSS と区別して IBSS (independent BSS) と呼び，一般的には STA はパケットの中継機能は持たず，直接たがいにパケットの送受信を行うだけである。

ただし，近年の無線 LAN におけるアドホックモードは，STA がパケットの中継を行うことによりマルチホップネットワークとして利用される方法が検討されている。例えば，代表的なものとして IETF MANET ワーキンググループでは，MANET (mobile ad hoc networking （or networks））と呼ばれる，無線ノードのみによって構築されるロバストなネットワークを実現するための検討が進められており，多くの研究成果も発表されている。また，無線 LAN の標準規格 802.11s ではメッシュネットワークと呼ばれるネットワーク構成が策定されており，ワイヤレスマルチホップ通信を行うために，メッシュネットワークのトポロジをサポートするのに必要な MAC 層の手続きが定義されている。しかし，このメッシュネットワークは，一般的には AP 間のマルチホップ中継を指しており，さらにその AP 配下には STA が帰属するネットワーク構成を目指したものであるため，どちらかというと，つぎに説明するブリッジモードに類似したネットワークといえる。

〔**3**〕　ブリッジモード（**WDS**）

図 (c) に示すように，ブリッジモードは AP のみによって構成される。AP は BSS 間のパケットを中継する機能を持っており，インフラモードと組み合わせて利用することも可能である。また，このモードを WDS（wireless distribution system）とも呼び，大きなオフィスなどでは，1 台の AP ではカバーしきれない場合や，壁などに遮られて電波が届かない場所での利用シーンにおいて用いられる。すなわち 1 か所の AP でサポートできないエリアで，有線 LAN などの敷設が不可能な環境において，パケットの中継をリピータ機能によって実現する。例えば，秋葉原–つくば駅間を結ぶつくばエクスプレス（TX）は，車両内で無線 LAN を用いたインターネットサービスを利用することができる。車両と外部のインターネットは車両が移動時に線路脇の電柱などと無線を介して送受信を行うハンドオーバ技術を用いているが，車両内では有線の伝送路を敷設できないため，各車両を無線中継の WDS によってネットワークを構築している。しかしながら，一見，非常に便利であり，有益なサービスとして利用可能と考えられるが，中継に電波を使うということは，外部からの干渉やマルチパスフェージングの影響，隠れ端末などのキャリアセンスに依存した課題があり，AP の置局設計や適用されるサービス環境において大きな障害を克服することも必要とされる。

2.3　無線 LAN の標準化技術と動向

近年では，ラップトップだけでなくスマートフォンのような携帯情報端末やゲーム機に至るまで，さまざまなモバイル端末が無線 LAN デバイスを備え，ホームやオフィス，外出先でもワイヤレスブロードバンドアクセス「公衆無線 LAN サービス」として利用可能になっている。すなわち無線 LAN デバイスを備えた端末は，至るところでインターネットなどを利用できる環境が整いつつある。無線 LAN の技術は，利用シーンや利用環境の条件などにより，高速化の機能，中継機能，セキュリティ，通信品質などさまざまな要求に応えるための標準化が IEEE 802.11 と呼ばれる標準化団体で進められている。802.11 は，LAN（local area network）等の国際標準化団体である IEEE 802 標準化委員会における作業部会（WG）の一つである。IEEE 802 標準化委員会は LAN および MAN（metropolitan area network）に関して OSI（open systems interconnection）モデルの下位 2 層をターゲットにして標準化を行ってきた。当初は有線システムのみの標準化を行っていたが，IEEE 802.3（CSMA/CD）の無線化が検討開始され，1990 年 7 月に IEEE 802.11WG が設立された。当該 WG は，無線 LAN を構成する PHY 層ならびに MAC 層のサブレイヤ技術仕様策定を遂行しており，現在においても高速化をはじめ，セキュリティや QoS（quality of service）等のための修正規格を発行している。

2.3.1 IEEE 802 標準化委員会と無線 LAN 標準規格

図 **2.3** に 802.11WG と関連する標準化委員会の構成を示す。802.11 では，無線 LAN の機能に関連する，さまざまな他の標準規格と協調して標準化が進められており，特に Wi-Fi Alliance は 802.11 との関連性が深く，802.11 の仕様をもとに，製品を対象としたさまざまな認証プログラムを策定している。認証テストラボでは，テストプランに従って試験を行い Wi-Fi 認証を与える。Wi-Fi 認証を持つ製品を購入するということは，Wi-Fi 認証を持つ他のブランドの無線 LAN 機器との相互接続性が保証されたことを意味する。現在 10 000 以上の機器の認証が完了している。

　802.11WG における標準化は，TG（task group）という作業部会単位で行われている。現

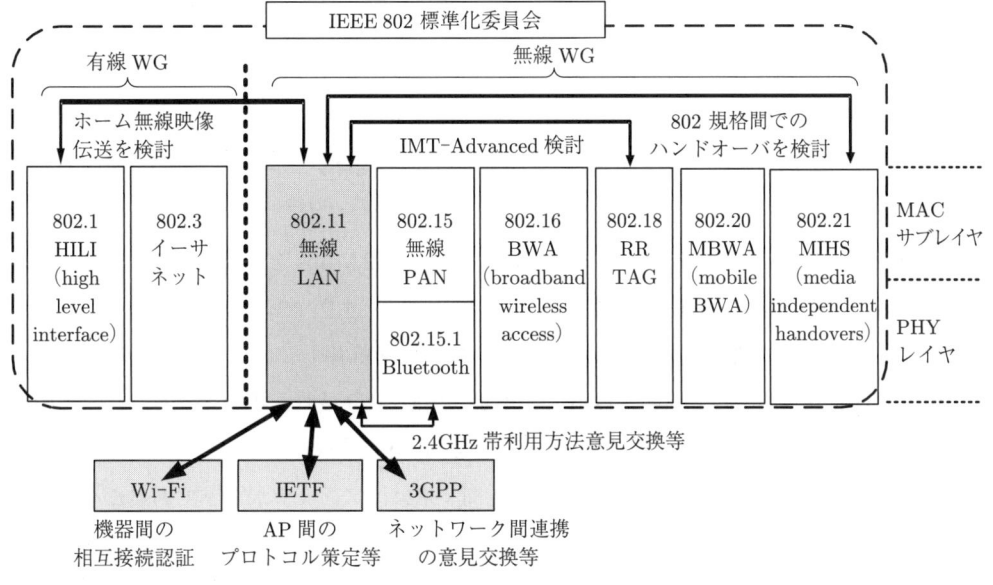

図 2.3 IEEE 802 標準化委員会の構成

在注目されている TG を**表 2.1** に示す。具体的には，TGe（802.11e）は，QoS サポート機能を提供する技術が策定されており，現在も高速化を図る TGn（802.11n）や TGac（802.11ac）に形は変えつつもその技術のベースは採用されている。

表 2.1　高速化・高機能化のための TG

TG	PAR（project authorization request）	Year of completion or target year(*)
11e	MAC enhancements QoS	March 2007
11n	High-speed WLAN for over 100 Mbps	Sept. 2009
11aa	Enhancement function for video transport streams	June 2012
11ac	Very high throughput up to 6 GHz	Feb. 2014
11ad	Very high throughput up to 60 GHz	Oct. 2012
11ax	HEW（high efficiency WLAN）	March 2019(*)

また，802.11n においては，2009 年 9 月に標準化が完了し，数多くの製品に実装がなされている。802.11n は，早い時期からニーズが高かったことから，標準化完了を待たずに数多くの先行機器がドラフト版で市場に投入された。その標準化動向には多くの注目が集まったこともあり，802.11n のさらなる高速化を目指す TGac/ad（802.11ac/ad）の標準化にも注目が集まり，2012 ／ 2014 年に標準化が完了し，現在のほとんどの無線 LAN には 802.11ac の機能が実装された製品が市販されている。

2.3.2　IEEE 802.11n の標準規格

標準化のトレンドは，おもに「高速化」の流れと「高機能化」の流れが挙げられる。「高速化」では，最初の 802.11 規格における最大伝送速度は 2 Mbps であったが，その後は 11 Mbps（802.11b），54 Mbps（802.11a/g）と拡張され，802.11b/g 規格や 802.11a 規格が広く一般的に無線 LAN 製品として利用されている。802.11g/a の無線伝送速度は最大 54 Mbps までであるが，最近では複数のアンテナを用いた MIMO 伝送技術がトレンドとなり，802.11n においては MIMO を用いた高速伝送を実現している。高速化技術の例として 802.11n について**図 2.4** で説明する。PHY 層において，最大伝送速度 600 Mbps を実現するため，利用できる帯域幅を 20 MHz から 40 MHz に拡大することにより，サブキャリア数を 48 から 108 に増加した。符号化率は変調方式 64 QAM において 5/6 を採用し，1 シンボル長を 4 μs から 3.6 μs に短縮された。またアンテナは最大 4 本とし，MIMO 技術が用いられる。これらの複数の技術の組合せによって，PHY 層の伝送速度を向上している。

表 2.2 に 802.11n の機能概要をまとめる。空間多重は，アンテナが 4 本であるため，最高で 4 ストリームの生成となるが，必須規定では，AP において 2 ストリーム，STA からは 1 ストリームとなる。またフレームアグリゲーションは，イーサネットのパケット最大サイズである 1 500 byte から最大で 65 535 byte である。ただし，フレームアグリゲーション自体

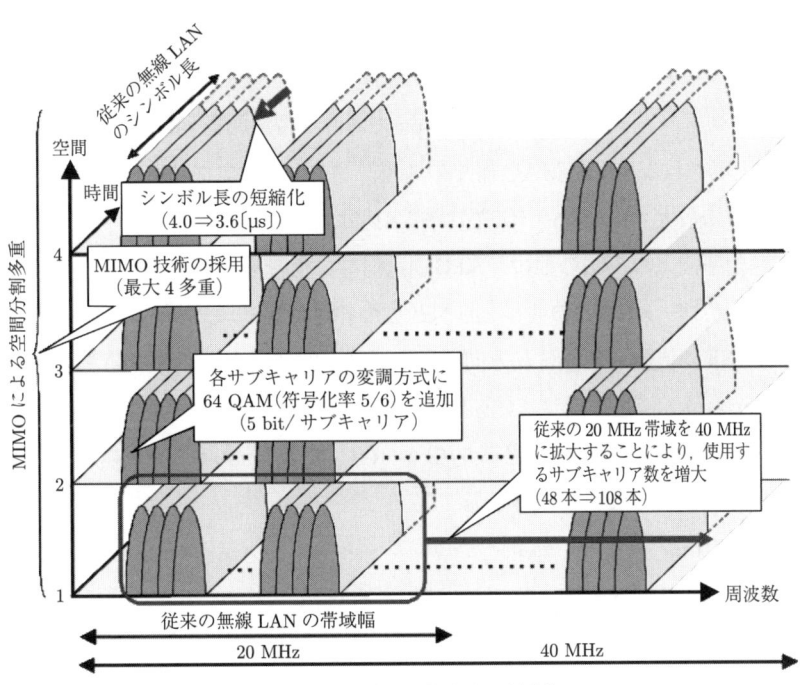

【600 Mbps の物理伝送速度を構成する技術】
・変調方式：64 QAM（符号化率 5/6）⇒5〔bit/ サブキャリア〕
・サブキャリア数の増大⇒108〔本〕
・シンボル長の短縮化⇒3.6〔μs/symbol〕
・MIMO 技術の採用⇒4〔多重〕
最大伝送速度 = 5 × 108 × 1/3.6 × 4 = 600〔Mbps〕

図 2.4　802.11n における高速化技術

表 2.2　802.11n の機能概要

高速化要件	必須機能	最高規定
空間多重数（STA）	1	4
空間多重数（AP）	2	4
伝送帯域幅	20 MHz	40 MHz
フレームアグリゲーション		65 535 byte（A-MPDU）
フレームフォーマット	レガシー/ミックス	グリーンフィールド
送信ビームフォーミング	—	STBC
符号化	畳み込み符号	LDPC
ガードインターバル	800 ns	400 ns
PHY 伝送速度	65 Mbps（1 ストリーム） 130 Mbps（2 ストリーム）	600 MHz
最高スループット （MAC 効率）		485 Mbps （81.0%）
その他	—	Closed loop Beamforming Stream ごとに独立した変調

は必須規定とされていない。フレームアグリゲーションの詳細については 6.1.2 項で後述する。ガードインターバルも高速化を図るため最小で 400 ns と短くなっている。PHY 層での伝送速度は，2 ストリームの場合は 130 Mbps であり，帯域幅を 40 MHz に拡張した場合に 600 Mbps が実現される。また MAC 層でのスループットは，アグリゲーションのオーバヘッド削減を生かして最大 485 Mbps（伝送効率：81%）を実現する。

　主要な伝送効率向上の手法の他に，STBC 送信時に信号を保護するデュアル CTS プロテクションや，レガシー STA との共存を目的とした各種フレームフォーマットも追加され，パワーセーブモードの機能も新たに双方向通信を考慮した設計がなされている。

$$802.11n \text{ の最大伝送速度}$$
$$= 6 \, \text{bit}（64 \, \text{QAM，符号化率 } 5/6）\times 108（40 \, \text{MHz のサブキャリア数}）$$
$$\times 4（\text{アンテナ数}）\times 1/3.6 \, \mu\text{s}$$
$$= 600 \, \text{Mbps}$$

〔1〕 ハイスループット・モード

802.11n における基本モードで，OFDM パラメータの変更等によってレガシー・モードと比較して高速な実行速度が実現されている。これまでレガシー・モードでは 20 MHz 幅を使用して，52 本のサブキャリアを配置してきた。802.11n のハイスループット・モードではレガシー・モードのサブキャリア数より 4 本多い 56 本のサブキャリアを配置している。ハイスループット・モードでは，20 MHz 幅の他に，40 MHz 幅を使用することができる。40 MHz 幅を使用する場合は，20 MHz 幅を並べて使用する。このとき 20 MHz 幅で使用していた中心周波数のサブキャリアも使用可能なため，57 × 2 のサブキャリアを利用できる。

40 MHz 幅を利用時にレガシー・モードで動作する STA を混在させる場合は上の 20 MHz 幅か下の 20 MHz 幅のどちらかを選択する必要がある。選択された 20 MHz 幅のチャネルをプライマリチャネルと呼び，BSS の共通チャネルとして使用する。このとき，BSS の共通チャネルとして，図 2.5 に示すように，高い周波数帯のチャネルを選択した場合を Upper モードと呼び，低い周波数帯を選択した場合を Lower モードと呼ぶ。BSS の共通チャネルとして選択されなかったもう一方のチャネルをセカンダリチャネルと呼ぶ。レガシー・モードは

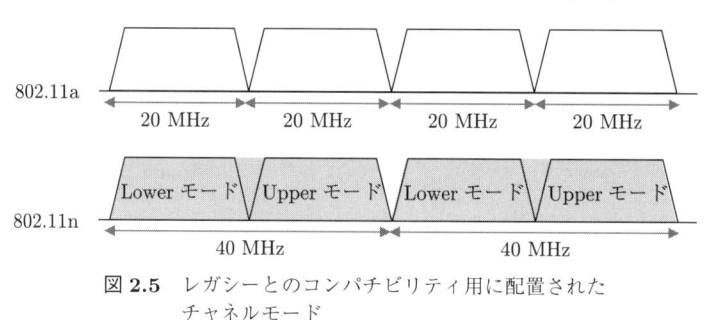

図 2.5　レガシーとのコンパチビリティ用に配置された
チャネルモード

BSS の共通チャネルを使用して通信を行う。

〔**2**〕　デュアル **CTS** プロテクション

802.11n の PHY 層のオプションには STBC（時空間ブロック符号化：space time block code）が規定されており，ダイバーシチ利得の向上により，高いスループットを得ることができる。しかし，STBC は MISO 技術で信号の処理方法が SISO と異なるため，STBC 非対応な STA は STBC フレームを認識できない。したがって，**図 2.6** に示すように STBC を用いる際はデュアル CTS プロテクションを用いることで送信を保護する。また，STBC STA の混在時は，STBC 非対応な STA が送信する際にも，同様に送信を保護する必要がある。

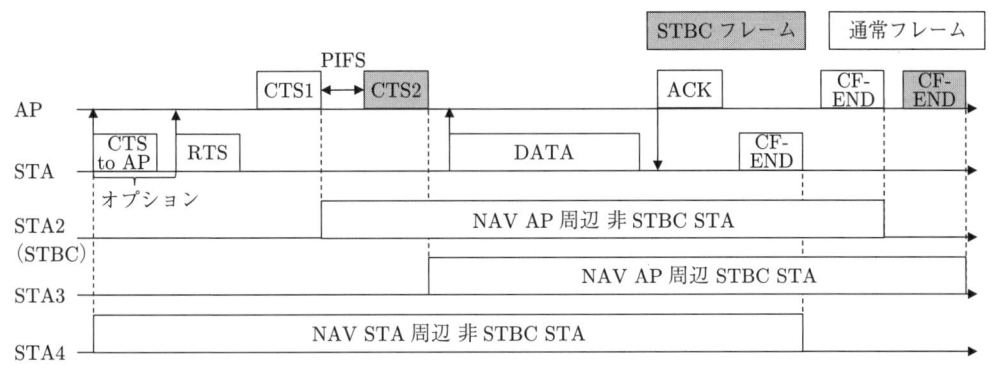

図 **2.6**　非 STBC AP に対するデュアル CTS の手順

11n 対応 STA が STBC フレーム送信に対応，または，1 本のストリームを使用して STBC フレームの送受信が可能な場合は，STBC に対応した形式の RTS を送信する。それ以外は通常の RTS を送信する。RTS を受信した AP は 2 重の CTS（CTS1 と CTS2）で応答する。

デュアル CTS プロテクションでは，オプションとして CTS to AP が規定されている。CTS to AP は，デュアル CTS を行う際にあらかじめ AP に対して CTS を送信することで，CTS を送信した STA 付近の STA に NAV（network allocation vector）を設定する。通常のデュアル CTS プロテクションでは，STBC 非対応な STA が AP 送信される CTS1 によって NAV を設定し，その後，STBC 対応 STA が CTS2 によって NAV を設定する。CTS1 の送信から DIFS（distributed inter-frame space）間隔以内に STBC 非対応な STA が PHY のプリアンブルが確認できない場合，NAV をリセットしてしまう可能性があり，デュアル CTS プロテクションが機能しない場合がある。したがって，あらかじめ CTS to AP を送信し，STA 周辺の STBC 非対応な STA に NAV を設定することで，NAV のリセットを防ぐことができる。

RTS のフレームタイプが通常フレームの場合は，図 2.6 のように，CTS1 は通常のフレーム RTS と同じ送信レートまたはデータと同じ伝送レートで送信し，PIFS（point coordination function inter-frame space）間隔後，STBC のフレーム CTS2 を STBC の MCS で送信する。

RTS のフレームタイプが STBC フレームの場合は，図 **2.7** のように，CTS1 は STBC フレームを STBC の基本 MCS で送信し，SIFS（short inter-frame space）間隔後，通常の STBC フレームで CTS2 を送信する。

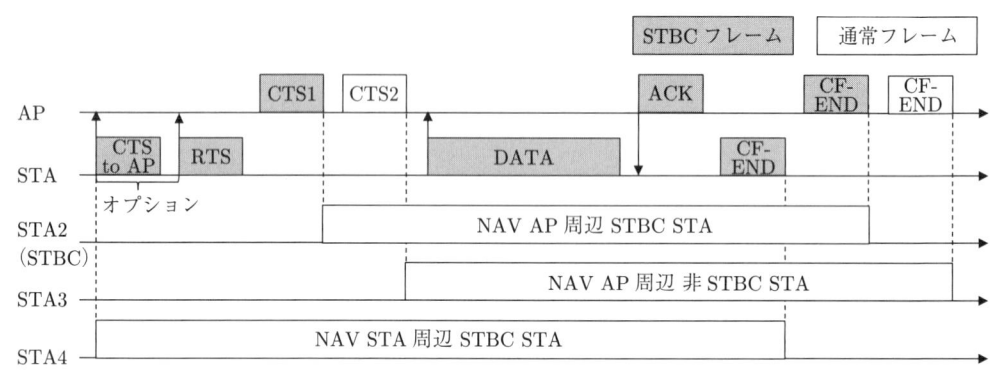

図 **2.7** STBC AP に対するデュアル CTS の手順

〔**3**〕 コンパチビリティのための三つのモード

図 **2.8** に示すように，802.11n では 3 種類のフレームフォーマットにより，コンパチビリティを考慮した三つのモードが用意されている。レガシー・モードでは 802.11a/b/g のフレームを使用し通信を行い，ミックス・モードでは，802.11a/g STA と 802.11n STA の両方の STA が理解できるフレームを使用し通信を行う。802.11n では高効率高速化のため 802.11n STA 間でのみ使用可能なグリーンフィールド・モードと呼ばれるフレームもオプションとして規定されている。

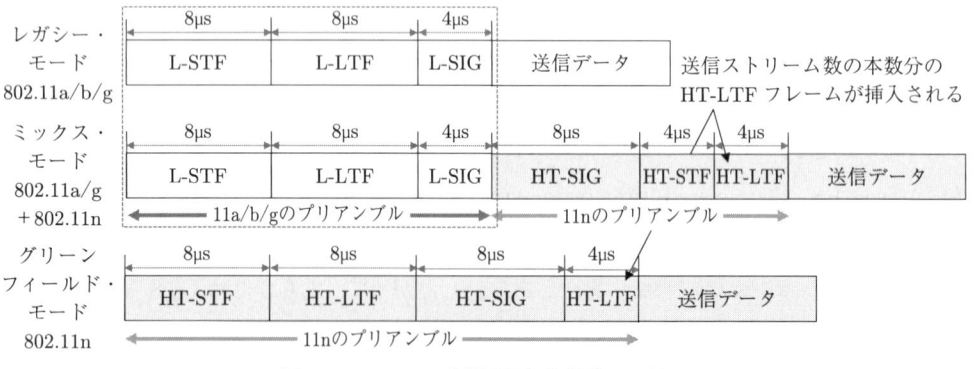

図 **2.8** 802.11n で使用される各種モードの
フレームフォーマット

・レガシー・モード：802.11a/b/gに対して完全に互換性のあるモードで，動作時に802.11a/b/g のフレームを使用するので，802.11a/b/g STA がたがいに通信を可能とするモードである。しかし同じアクセスポイント内の 802.11n の STA も 802.11a/b/g 対応レガシーフレームを使用するので，802.11n STA のメリットである高速通信はできない。

・ミックス・モード（802.11n 必須モード）：802.11a/b/g に対応したレガシー STA が 802.11n のフレームを理解可能なモードでバックワード・コンパチビリティと 802.11n の高速通信を実現できる。802.11n フレームのプリアンブルの前に 802.11a/b/g のプリアンブルを追加するので，レガシー STA はレガシーフレームとして図中のL-SIG まで受信できる。それ以降の 802.11n のフレームは理解できず，読み取ることはできないが，フレーム長は理解できるため，CSMA/CA の動作が可能で 802.11n の送信を妨害することはない。しかし，802.11a/b/g のプリアンブル部分の時間分効率が低下してしまう。

・グリーンフィールド・モード（802.11n オプションモード）：レガシー・モードやミックス・モードとは異なり 802.11n STA のみが理解できる 802.11n フレームのみを使用して通信するモードである。802.11a/b/g のようなレガシー STA に 802.11n フレームの送信を理解させるためのプリアンブルを使用せずに通信を行う。その結果，オーバヘッドを削減しつつ，802.11n フレームを使用できるので，高速通信が可能なミックス・モードと比較しても，より高速に通信が可能である。グリーンフィールド・モードを使用することでミックス・モードと比較して 12 µs プリアンブルの時間を短縮することができる。

HT-LTF は使用するストリーム数分プリアンブルを付加する。例えば，2×2 の MIMO で通信を行う場合は，2 本のストリームを使用するので，二つの HT-LTF プリアンブルを付加するため，$2 \times 4\,\mathrm{µs} = 8\,\mathrm{µs}$ の時間が必要である。

〔4〕 **PSMP（power save multi-poll）**

PSMP シーケンスは 802.11n にて新たに規定されたパワーセーブ機能である。PSMP 上り下りの双方向の通信を考慮して設計されている。PSMP シーケンスは，**図 2.9** に示すように，AP があらかじめ PSMP フレームで送信・受信のスケジュールを一度に通知することによって，STA は必要なとき以外にパワーセーブモードに入ることが可能で，これにより省電力を実現する。PSMP シーケンスは，**図 2.10** の通常のシーケンスと**図 2.11** のようなリカバリのあるシーケンスがある。また，PSMP シーケンスの受信時間を PSMP-DTT（PSMP-down transmission time）と呼び，送信時間を PSMP-UTT（PSMP-uplink transmission time）と呼ぶ。

・PSMP-DTT：PSMP シーケンス中に STA はスケジュールされた PSMP-DTT の間にフレームを受信しなければならない。したがって，他の時間でフレームの受信待機をす

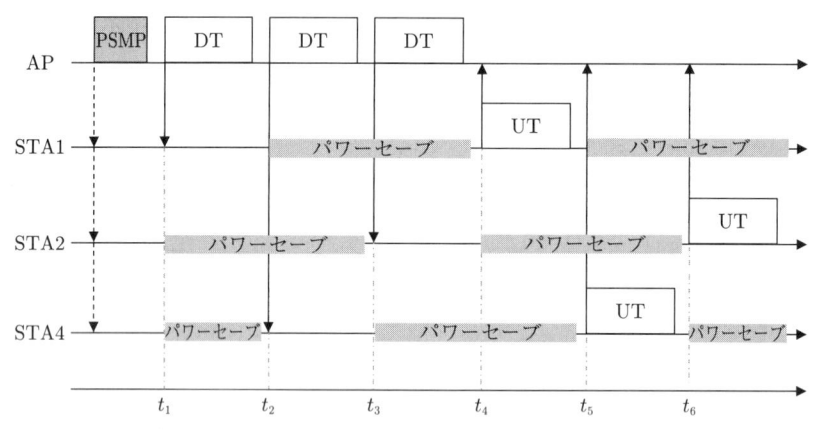

PSMP：power save multi-poll　　　DT：downlink transmission
　　　　　　　　　　　　　　　　UT：uplink transmission

図 **2.9**　PSMP シーケンスのパワーセーブ手順

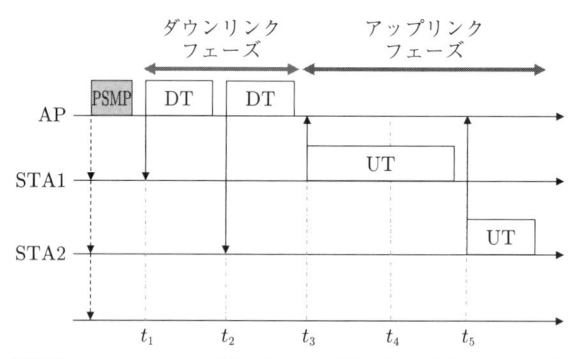

PSMP：power save multi-poll　　　DT：downlink transmission
　　　　　　　　　　　　　　　　UT：uplink transmission

図 **2.10**　PSMP リカバリを行わない PSMP シーケンス

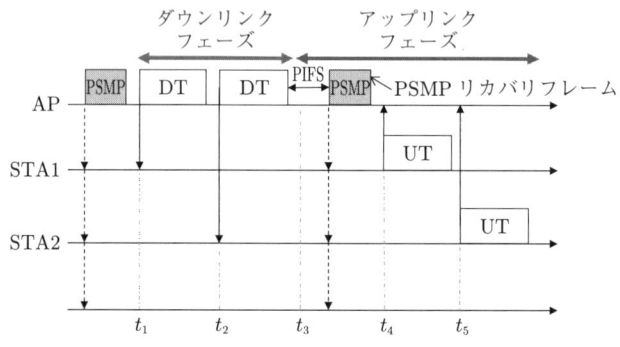

PSMP：power save multi-poll　　　DT：downlink transmission
　　　　　　　　　　　　　　　　UT：uplink transmission

図 **2.11**　PSMP リカバリを行う PSMP シーケンス

る必要がないため，パワーセーブモードへの移行が可能である。また，PSMP-DTT 中
に AP が送信するフレームは一つ以上の PPDU（PLCP protocol data unit）（PHY の
プリアンブル）を含むものとし，フレームフォーマットは A-MPDU または MPDU であ
る。AP が異なる STA に送信を切り替える場合は，SIFS 期間を挟んで異なる宛先 STA
への送信を再開する。

・PSMP-UTT：PSMP-UTT 中に送信する STA は，PSMP-UTT 開始時に，CCA（clear
channel assessment）を行わず，また NAV に関係なく AP への送信を開始できる。PSMP
シーケンス中に AP に送信を行う STA は，PSMP-UTT 中の時間に送信しきれないデー
タがキューイングされていても割り当てられた PSMP-UTT 内に送信を終了しなければ
ならない。また，AP に送信を行う STA が切り替わる際には SIFS 間隔の後にスケジュー
ルに従って AP への送信の STA を切り替える。

・PSMP リカバリ：AP が PSMP-UTT 中に何らかの原因によって STA からの上り送信を
受けられなかった場合に，AP は PSMP フレームを再度送信することができる。これは
PSMP リカバリフレームと呼ばれ，通常の STBC フレームと同じ構造を持つ。PSMP
リカバリフレームは，問題のあった上り通信の STA からのスケジュールを PSMP に
よって各 STA に再度通知することにより，問題のあった送信をリカバリする。ただし，
PSMP リカバリフレームの送信には二つの条件がある。

① PSMP-UTT 開始後でもキャリアセンスにてアイドルと確認される場合。

② 問題のあった STA の PSMP-UTT の時間が PIFS 時間 + PSMP リカバリフレーム
の合計時間よりも長いこと。

以上の条件を満たす場合に PSMP リカバリフレームが送信可能である。また，PSMP-UTT
を使用していない STA の送信スケジュールについては変更できない。

・PSMP シーケンスにおけるフレームフォーマット：**表 2.3** に示す PSMP フレームフォー
マットは PSMP シーケンスの全体時間や PSMP-DTT，PSMP-UTT の時間割当てをス
ケジューリングしている。AP から送信される PSMP フレームを受信した STA は STA
Info フィールドに記述されたデュレーション時間に基づいてパワーセーブを行う。パワー
セーブ中の STA は，デュレーション時間経過後に AP からデータの受信または，AP へ
のデータの送信のためにウェイクアップする。PSMP フレームフォーマットに格納され

表 **2.3** PSMP フレームフォーマット

Order	Information
1	カテゴリ
2	HT アクション
3	PSMP パラメータセット
4 to（N STA+3）	PSMP STA Info

るおもなフィールドは，PSMP パラメータセットフィールドと PSMP STA Info フィールドである。

・PSMP パラメータセット固定フィールド：**図 2.12** の PSMP パラメータセット固定フィールド長は 2 オクテットの固定である。

Bits：5	6	10
N STA	More PSMP	PSMP-DTT シーケンスデュレーション

図 2.12　PSMP パラメータセット固定フィールド

① More PSMP：値が 1 に設定されているとき，現在の PSMP シーケンスの後に別の PSMP シーケンスが続くことを示す。値が 0 に設定されているとき，現在の PSMP シーケンスの後に続く PSMP シーケンスがないことを示す。

② PSMP-DTT シーケンスデュレーション：PSMP シーケンスの持続時間を 8 µs 単位で示す。

・PSMP STA Info 固定フィールド：**図 2.13** の PSMP STA Info 固定フィールド（グループアドレス）のフィールド長は 8 オクテットである。

Bits：2	11	8	43
STA Info	PSMP-DTT スタートオフセット	PSMP-DTT デュレーション	PSMP グループアドレス ID

図 2.13　PSMP STA Info 固定フィールド（グループアドレス）

① STA Info：値が 1 に設定されているときグループに対して PSMP を送信する。値が 2 に設定されているとき，1 台の STA に対して PSMP を送信する。また，値が 0 および 3 は予約がされている。

② PSMP-DTT スタートオフセット：PSMP-DTT の開始時間を 4 µs 単位で示す。

③ PSMP-DTT デュレーション：宛先の PSMP-DTT の継続時間を 16 µs 単位で示す。PSMP-DTT がスケジューリングされず，PSMP-UTT のみがスケジューリングされている場合，値は 0 に設定される。

④ PSMP グループアドレス ID：PSMP のグループアドレスを示す。

　図 2.14 の PSMP STA Info 固定フィールド（単一アドレス）フィールド長は 8 オク

Bits：2	11	8	16	11	10	6
STA Info	PSMP-DTT スタートオフセット	PSMP-DTT デュレーション	STA ID	PSMP-UTT スタートオフセット	PSMP-UTT デュレーション	Reserved

図 2.14　PSMP STA Info 固定フィールド（単一アドレス）

テットである。グループアドレスと異なり，単体の STA ID や PSMP-UTT の時間が定義されている。

⑤ STA ID：受信 STA の ID を示す。

⑥ PSMP-UTT スタートオフセット：PSMP-UTT の開始時間を 4 µs 単位で示す

⑦ PSMP-UTT デュレーション：PSMP-UTT の継続時間を 4 µs 単位で示す。PSMP-DTT がスケジュールされている場合，PSMP-UTT スタートオフセット，PSMP-UTT デュレーションともに値が 0 に設定される。

〔5〕 フレームアグリゲーション

MAC 層においては，フレームアグリゲーションが採用されている。フレームアグリゲーションは，A-MPDU（aggregation-MAC protocol data unit）と A-MSDU（aggregation-MAC service data unit）があり，A-MPDU は必須規定とされている。A-MPDU は，複数の MAC 層のフレーム（MPDU）を一つの無線フレームでまとめて送信する方法である。また A-MSDU はオプション規定であり，複数の上位層のパケット（例えば IP パケット）を一つの MPDU にまとめて送信する。

図 **2.15** (a) に A-MPDU とブロック ACK を用いたシーケンスの例を示す。従来の 802.11a/g では，MAC 層の 1 フレーム（MPDU）から 1 無線フレームを生成していたところを，A-

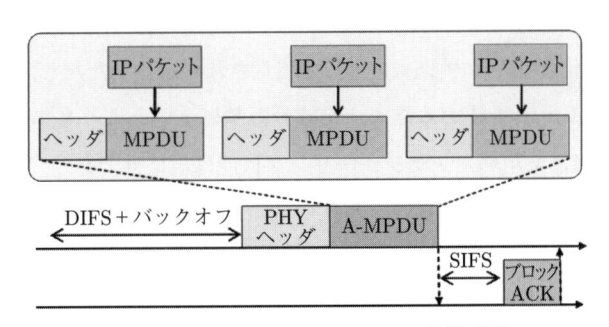

(a)　A-MPDU とブロック ACK の通信手順

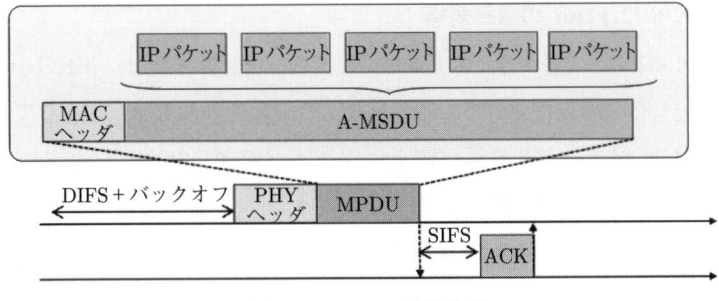

(b)　A-MSDU の通信手順

図 **2.15**　フレームアグリゲーションの構成

MPDU では，フレームアグリゲーションにより複数の MPDU を結合して 1 無線フレームを生成する。各 MPDU が 1 フレームに結合していることにより MAC 層のオーバヘッドを大幅に削減することができる。またブロック ACK は，受信した複数の MPDU に対する確認応答を一つの無線フレームでまとめて送信するため，フレームアグリゲーションに適した応答方式である。

図（b）に A-MSDU を用いたシーケンスの例を示す。従来の 802.11a/g では，上位層のパケットから MAC 層の 1 フレーム（MPDU）を生成していたところを，複数のパケットを結合して一つの MSDU を生成することにより，MAC 層のオーバヘッドを大幅に削減する。A-MSDU は各 MPDU のヘッダが含まれていないため，A-MPDU よりもオーバヘッドの削減率は高く，伝送効率も向上する。しかし，A-MPDU では，ブロック ACK との組合せで，個々の MPDU（＝個々の上位層パケット）を選択再送可能であるため，パケットの誤りが生じた際には，再送を含めた伝送効率が高くなる。一方，A-MSDU は，一つの MPDU（＝複数の上位層パケット）であるため，誤り部分を抽出することができず，フレーム全体を再送する。すなわち，誤りが生じた際の再送を含めた伝送効率は低減してしまう。このため A-MSDU は必須ではなくオプションとして規定されている。

その他の機能として，802.11e の中で規定されているパワーセーブモード：APSD（scheduled automatic power save delivery）機能を拡張した PSMP（power save multi-poll）は，パワーセーブ機能が強化されたオプションとして用意されている。ただし，PSMP は AP が制御したポーリングフレームを用いるため，自律分散制御というよりも集中制御に近い機能である。このため PSMP を用いたスケジューリング機能は規格外であり，現在，実装されている製品を見かけることはほとんどない。現在の最新標準規格としては，802.11n を発展させたさらなる高速化として，1 Gbps 以上の伝送速度を目指した 802.11ac や 802.11ad の標準化が策定されている。

2.3.3　IEEE 802.11aa の標準規格

TGaa（802.11aa）は，マルチキャスト通信の品質向上を目的に新たに MRG（more reliable groupcast）サービスの導入がされている。MRG サービスのおもな機能として，マルチキャスト通信用の ACK 機能により再送制御を行うことができるため，伝送誤りなどによるパケット損失を低減する。従来の無線 LAN で伝送されるマルチキャストは，宛先がグループアドレスであることから，複数の STA からの ACK 応答が得られないため MAC 層における再送制御がされていなかった。すなわち伝送誤り，あるいはパケット衝突はすべてパケット損失となってしまう問題があった。そこで 802.11aa では MRG サービスにより MRG-Directed，MRG-Unsolicited-Retry，MRG-Block-ACK などの三つの方法がおもに提案さ

れている。MRG-Directed はマルチキャストフレームを A-MSDU によりアグリゲートし，ユニキャストフレームとして送信する。MRG-Unsolicited-Retry は，マルチキャストフレームを A-MSDU によりアグリゲートし，受信誤りを想定して，同じ A-MSDU フレームをあらかじめ決められた回数だけ繰り返し送信する。この方法は ACK を用いた再送を行わない。MRG-Block-ACK は，マルチキャストフレームを複数連続で送信する。その後，マルチキャストを受信した STA へブロック ACK 要求をポーリングし，このブロック ACK 要求に含まれる指定された順番で，STA から順次ブロック ACK の返信をしてもらう。AP はブロック ACK の結果に基づいて受信不可であったマルチキャストの選択再送を行う。MRG-Block-ACK を用いた送信手順の例を図 **2.16** に示す。

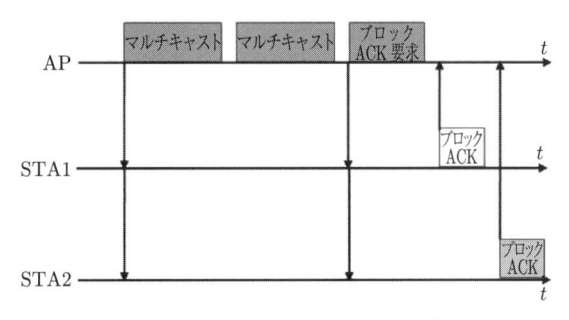

図 **2.16**　MRG-Block-ACK 送信手順

　これらの提案されている三つの機能はそれぞれ一長一短の仕組みであるものの，マルチキャスト伝送の通信品質向上を図ることが可能となる。その他の機能として，802.11e の APSD の仕組みをマルチキャスト通信に応用し，マルチキャストが送信される期間を周期的に行い，マルチキャストが送信されない期間においてスリープする MRG-SP と呼ばれるパワーセーブ機能も提案されている。

2.3.4　IEEE 802.11ac の標準規格

　802.11n では，MIMO 伝送技術の導入により，100 Mbps 超（MAC-SAP）のスループットが実現されている。しかし，近年，無線 LAN の急速な普及によって，STA 数の著しい増大とともに，1 Gbps 以上のスループットを要求するような HD（high definition）のビデオストリームをサポートするため，今までよりも飛躍的なスループット向上と周波数利用効率化が要求されている。これらを背景に，802.11ac はさらなる高速化技術のために策定された。高速化を実現する手段として，大きく貢献しているのが，通信帯域の拡大である。802.11n の 40 MHz から 80 MHz/160 MHz へ拡大することにより，最大で 4 倍以上の高速化が可能である。また，160 MHz の帯域の確保が難しい環境においても，異なる 80 MHz 帯域を 2 か所使用する 80+80 MHz も規定されている。また，SU-MIMO（single user-multiple input multiple output）と MU-MIMO（multi user-multiple input multiple output）伝送技術と呼ばれる多重ユーザ同時アクセス技術の策定もされており，これらの技術によって，同一周波数，同一時間に複数 STA へダウンリンクでデータが送信可能である。さらに，802.11n では最大 64 QAM だった変調方式も 256 QAM まで対応となり，これらの技術によって 1 Gbps を超える伝送速度を確保している。

〔1〕　IEEE 802.11ac の拡張帯域

従来の無線 LAN は，四つの 20 MHz 帯域をそれぞれのセルのチャネルとして用いていた（ただし，802.11n では 40 MHz を用いたチャネルボンディングと呼ばれる技術が採用されている）のに対し，802.11ac の帯域拡大では図 2.17 に示すように，複数の帯域を束ねて 20 MHz から 160 MHz 帯域まで，広い帯域を用いてスループットの向上を実現する。また，連続したチャネルのつなぎ目であるガードバンドを削減することにより，さらにチャネル利用効率が向上する。

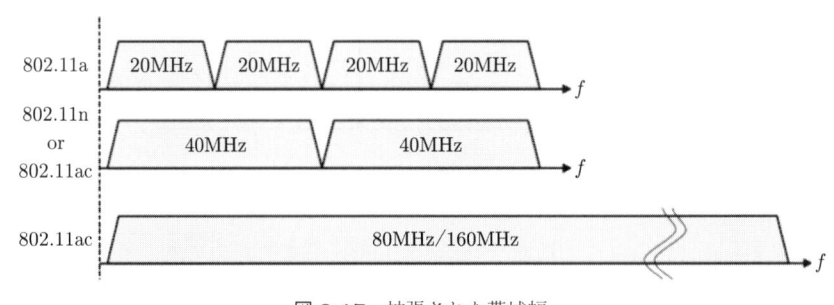

図 2.17　拡張された帯域幅

〔2〕　SU-MIMO と MU-MIMO のビーム形成

SU/MU-MIMO 伝送技術では図 2.18（a）で示すように，各 STA 宛に電波のビームを動的に向けることにより，異なる信号を同時に送受信できることから空間リソースを有効に利用する。802.11n の MIMO 伝送技術は，受信局側で複数のアンテナから構成された伝送路から到来する信号を分離し，多重化を行うものであるが，802.11ac の SU-MIMO 伝送技術は，MU-MIMO 伝送と同様に送信局側で，固有モードによる最適なビームを形成し，送信する。固有モードを用いた MU-MIMO によるビーム形成方法については 5.2 節で，アクセス制御は 4.4 節で詳しく述べる。図（b）は従来の時分割による TDMA（time division multiple access）のパケット送信手順と SU/MU-MIMO 伝送による空間分割多元接続による SDMA（spatial division multiple access）のパケット送信手順の概略図である。TDMA は時間をユーザごと（パケットごと）にシェアし，情報を伝送するのに対し，SDMA は同一時間，同一周波数で情報を伝送するため，高いチャネル容量を実現できる。

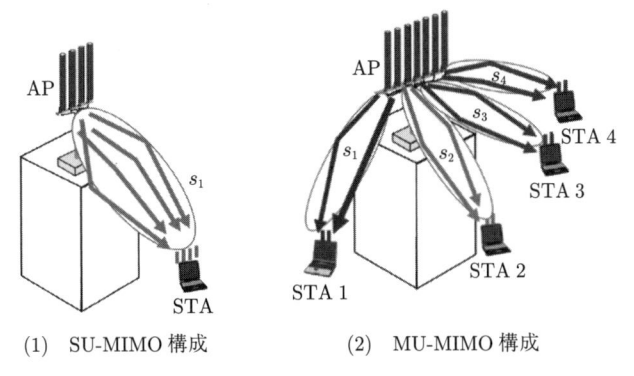

(1) SU-MIMO 構成 (2) MU-MIMO 構成

(a) SU/MU-MIMO のネットワーク構成

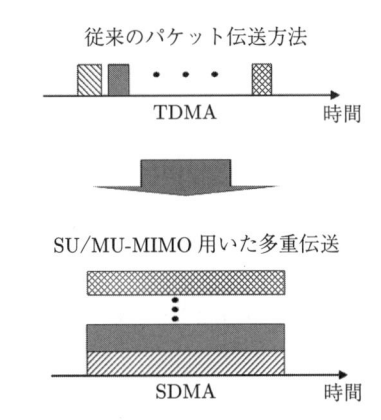

(b) SU/MU-MIMO のネットワーク構成

図 **2.18** SU/MU-MIMO のネットワーク構成

〔**3**〕 **802.11ac の伝送速度と機能**

表 **2.4** に 802.11ac の機能概要をまとめる。空間多重を行わない場合が必須技術であり，こ
れは MIMO の効果による高速化を目的としておらず，帯域幅を 802.11n の 2 倍の 80 MHz へ
拡大することによる高速化を目的としていることがわかる。すなわち，本規格では SU/MU-
MIMO などの空間多重は必須ではないため，現在市販されているデバイスも MU-MIMO に
よるユーザ多重化の機能は実装されていない。その他の必須規定では，フレームアグリゲー
ションが 8 191 byte にされており，新たな技術はオプションであるため，従来から採用され
ている無線 LAN 機能を向上させることが 802.11ac のおもな目的なのかもしれない。必須機
能では，伝送帯域幅が 80 MHz，変調方式が 64 QAM となっているが，従来の無線 LAN 規
格と同様に，伝送帯域幅は，20 MHz 変調方式は BPSK から規格化されている。ただし，新
たに加えられた SU/MU-MIMO の空間多重伝送は，オプション規定として策定されており，
アンテナ数を最大 8 本とした最大 8 ストリームの空間多重伝送も一応は盛り込まれている。

表 2.4   802.11ac の機能

高速化機能	必須機能	最高規定
空間多重数	1	8
伝送帯域幅	80 MHz	160 MHz
変調方式	64 QAM	256 QAM
フレームアグリゲーション	8 191 byte	1 048 575 byte
PHY 伝送速度	292.5 Mbps	6 933.3 Mbps
最高スループット （MAC 効率）	157 Mbps （53.4 %）	5.85 Mbps （84.4 %）

また，変調多値数も従来の無線 LAN には採用されていなかった 256 QAM がオプション規定で採用されており，アグリゲーションも 1 048 575 byte のデータサイズ（イーサネット最大サイズの約 700 パケット分）となっている。

表 2.5 に 802.11n に対する 802.11ac の伝送速度の向上率を示す。2.3.2 項で得られたように，802.11n の PHY 層における伝送速度は 600 Mbps である。これに対し，802.11ac で策定された機能の最大値として，変調方式は 256 QAM，帯域幅は 160 MHz，アンテナ数は 8 本である。これらのパラメータから速度を比較すると

表 2.5   802.11n に対する 802.11ac の伝送速度向上率

項　目	802.11n	802.11ac	伝送速度の向上率
1 次変調方式	64 QAM （6 bit/サブキャリア）	256 QAM （8 bit/サブキャリア）	1.33 倍
帯域幅	40 MHz （108 サブキャリア）	160 MHz （468 サブキャリア）	4.33 倍
空間多重数 （アンテナ数）	4	8	2 倍

① 802.11n

　　PHY 層の最大伝送速度：600 Mbps

② 802.11ac

　　PHY 層の最大伝送速度：600 Mbps × 1.33（1 次変調）× 4.33（帯域幅）

$$× 2（アンテナ数）≒ 6.91 Gbps$$

となり，最大で約 7 Gbps の伝送速度が得られることとなる。ただし，これは規格上の上限値の比較であり，実際の運用では，利用環境やデバイスの性能により劣化が生じる。劣化要因としては，256 QAM の多値数では高い SNR が必要であり，高性能の RF が必要となる。また帯域の拡大や空間多重数の増加によりサブキャリア当りの割当て電力の低下があり，装置のコストも懸念される。実際に，市販されている 802.11n の製品はストリームが最大で 3（アンテナ数 3）が一般的であり，11ac もストリーム数は 4 程度である。またオプションとなっている MU-MIMO 伝送のユーザ多重である AP × 複数 STA は実装されておらず，SU-MIMO 伝送の AP × 1 STA の構成のみとなっている。

2.3.5 次世代無線 LAN 規格 IEEE 802.11ax

次世代無線 LAN では，利用ユーザが多数存在する，高密度環境において，伝送効率の向上をおもな目的とした新規 SG が設立され，HEW（high efficiency WLAN）SG として 2013年 5 月より活動が開始された。現在は，IEEE 802.11ax（TGax）として議論が進められており，2018 年度には標準化作業が完了するといわれている。

802.11ax は，ユーザ（STA）の高密度環境において，STA 当りの平均スループットが，従来の 4 倍になることを目指している。このため，これまでの標準化で議論されてきたおもな方向性の一つである伝送速度の高速化と異なり，高密度環境，すなわち多数の競合 STA が存在する環境で，多くの STA を収容する高効率伝送を実現しようとしている。

802.11ax では，PHY 層・MAC 層ともに大幅な機能追加がなされる。

・OFDM シンボル長を従来の 2 倍から 8 倍程度に拡張
・IFFT サイズは拡大され，サブキャリア間隔は 78.125 kHz と狭くなる
・下りリンクおよび上りリンクでの OFDMA（orthogonal frequency-division multiple access）の採用
・さらに，上りリンクに MU-MIMO の採用

などがある。表 2.6 に，802.11ac と 802.11ax の比較を示す。

表 **2.6** 802.11ac と 802.11ax の機能

	802.11ac	802.11ax
周波数帯域	5 GHz	2.4/5 GHz
チャネル帯域幅	20 MHz，40 MHz，80 MHz，80+80 MHz，160 MHz	20 MHz，40 MHz，80 MHz，80+80 MHz，160 MHz
FTT サイズ	64，128，256，512	256，512，1 024，2 048
サブキャリア間隔	312.5 kHz	78.125 kHz
OFDMA シンボル長	3.2 μs+0.8/0.4 μs	12.8 μs+0.8/1.6/3.2 μs
変調方式（最大多値）	256 QAM	1 024 QAM
伝送速度	433 Mbps（80 MHz，1 ストリーム）6 933 Mbps（160 MHz，8 ストリーム）	600.4 Mbps（80 MHz，1 ストリーム）9 607.8 Mbps（160 MHz，8 ストリーム）

〔1〕 802.11ax の OFDM サブキャリアと変調方式

802.11ax は，5 GHz のみのサポートであったが，802.11ax は 2.4 GHz 帯と 5 GHz 帯の両方の周波数帯をサポートしている。

また，FFT サイズが 4 倍になっており，サブキャリア数が増加している。それに伴い，図**2.19** に示すように，サブキャリア間隔が従来規格の 1/4 に狭められている。サブキャリアの密度が 4 倍になり，各サブキャリアが狭帯域化したため，802.11ax では OFDM のシンボル長も 2 倍から 8 倍程度にされている。802.11ax は屋内だけでなく屋外環境での利用も考慮に

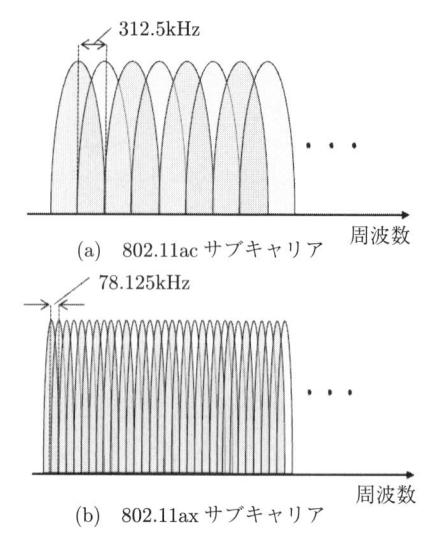

312.5kHz

（a）　802.11ac サブキャリア　　周波数

78.125kHz

（b）　802.11ax サブキャリア

図 **2.19**　802.11ax のサブキャリア間隔

入れている。屋外環境での長い遅延波による伝送特性劣化の課題があるため，OFDM シンボル長の拡張が採用されている。なお，伝送速度は，最大速度を高めるために 1 024 QAM をサポートされている。

〔**2**〕　**マルチユーザ伝送（OFDMA）**

802.11ax には，OFDMA と MU-MIMO によるマルチユーザ伝送が用意されている。また

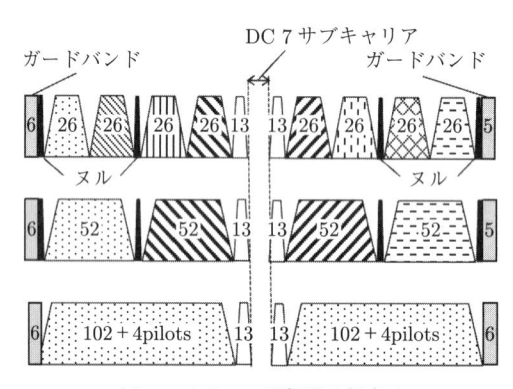

DC 7 サブキャリア

ガードバンド　　　　　　　　　　　　ガードバンド

6　26　26　26　26 13　13 26　26　26　26　5

ヌル　　　　　　　　　　　　　ヌル

6　52　52 13　13　52　52　5

6　102 + 4pilots　13　13　102 + 4pilots　6

（a）　マルチユーザ伝送の組合せ

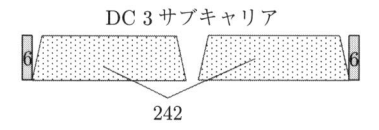

DC 3 サブキャリア

6　　　　　　　　　　　　　　6

242

（b）　シングルユーザ伝送

図 **2.20**　20 MHz 帯域の周波数ブロック組合せ
（図中の数字はサブキャリア数）

さらに，802.11ac ではダウンリンクのマルチユーザ伝送に加え，アップリンクのマルチユーザ伝送も検討されている。ダウンリンクの MU-MIMO 伝送については，IEEE 802.11ac の標準規格と，4.4.2 項を参照いただき，ここでは，802.11ax の OFDMA 伝送について説明する。

OFDMA は，すでに 802.11a/g/n/ac で採用されてる OFDM をベースに，802.11ax では，さらに特定のサブキャリアのセットを個々のユーザに割り当てる。すなわち，802.11 がサポートするチャネル（20/40/80/160 MHz 幅）を，周波数ブロック単位サブキャリアの数に対応してより小さなサブチャネルに分割する。

高密度の環境では，チャネルの使用をめぐって多数のユーザが非効率に競合することが多くなる，そのような環境でも，OFDMA のメカニズムを利用することで，帯域幅は小さいものの，専用のサブチャネルによって複数のユーザに同時に対応することができる。図 **2.20** に，20 MHz 帯域幅の異なるサイズに分けられた周波数ブロックを示す。ブロックのサイズを最も小さく分けた場合には，9 人までのユーザに対して多重伝送を行うことができる。

〔**3**〕 **アップリンク MU-MIMO 伝送**

多重伝送によるアップリンクの MU-MIMO 伝送や OFDMA を実現するためには，多重伝送の対象となる STA が高い精度で同期して送信する必要がある。そこで，AP は，全 STA に対してトリガフレームを送信する。このフレームは，各ユーザの空間ストリームの数や OFDMA における周波数とデータサイズの割当てに関する情報を含んでいる。また，各ユーザの送信電力制御の情報も含まれている。送信電力制御の情報は，遠く離れた STA と近くの STA からのアップリンクの受信電力を均等化するために使用されている。AP は，全 STA に対して送信の開始と停止の指示を行う。図 **2.21** に示すように，AP は，全 STA に対して送信開始の正確なタイミングと送信完了時間を指示するためにアップリンク用のトリガフレームを送信し，送信が同時に完了するように制御する。全 STA からのフレームを受信したら，AP は ACK を返信して通信を完了する。

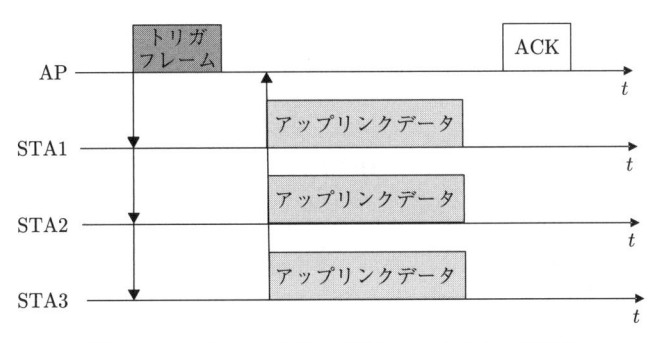

図 **2.21** 802.11ax のアップリンクマルチユーザ伝送

3

無線 LAN の PHY 層の概要

3.1　無線 LAN における変調方式

　本書の対象である，IEEE 802.11ac における PHY 層は，IEEE 802.11a が基本となっている。米国 FCC（Federal Communications Commission：連邦通信委員会）は 1997 年 1 月に U-NII（unlicensed national information infrastructure）バンドとして 5 GHz 帯を無線 LAN へ開放した。これを受けて IEEE 802.11WG（ワーキンググループ）は 5 GHz 帯を用いて 20 Mbps 以上の伝送速度を実現することを目的とする TGa（タスクグループ a）を立ち上げ，新たな高速無線 LAN 標準規格の作成に着手した。これが IEEE 802.11a である。従来，最大 2 Mbps であった伝送速度を 10 倍以上に高速化するために変調方式の十分な比較検討を行った結果，1998 年 7 月に数ある提案の中から NTT とルーセント・テクノロジー（Lucent Technologies）社が共同提案したパケットモード OFDM（orthogonal frequency division multiplexing：直交周波数分割多重）方式が採用された。

　OFDM は高速な無線伝送を行うために適した変調方式である。2000 年以降では，地上デジタル放送では OFDM 方式を採用している。また，無線 LAN だけでなく LTE でも採用されている。また，WiMAX では OFDM を発展させた OFDMA が導入されている。OFDM はこのように，いまや高速無線通信方式のスタンダードとなっている。本章では，OFDM 方式の原理を述べるとともに，OFDM 方式が無線 LAN で最初に導入された IEEE 802.11a における OFDM 方式の概要について述べる。

3.2　OFDM 方 式

3.2.1　マルチパス伝搬

　無線 LAN の伝送速度の高速化を制限する最大の要因がマルチパス伝搬である。図 3.1 にマルチパス伝搬の概要を示す。マルチパス伝搬とは，送信アンテナから送信された送信波が複数の経路を通って受信アンテナに到来する伝搬環境のことを指す。送信アンテナから受信

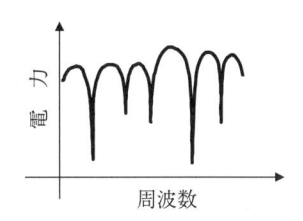

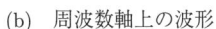

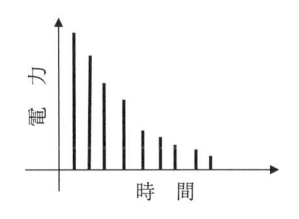

(b) 周波数軸上の波形

(c) 時間軸上の波形

(a) シナリオ

図 **3.1** マルチパス伝搬

アンテナにまっすぐに到来する信号だけでなく，あちこちの壁や什器等に反射して到来した信号が複雑に合成され受信アンテナに入力される。これらの複数経路からの到来信号は，それぞれ信号のレベルも位相も異なり，到来時間も異なる。このようなマルチパス伝搬路の特性を示すためには，到来波の遅延時間とレベルの関係を遅延プロファイルがよく用いられる。遅延プロファイルから得られるレベル重み付けした遅延量の標準偏差を遅延広がりといい，マルチパス伝搬路の特性を示す重要な指標となる。無線 LAN の利用環境での遅延広がりは，5 GHz 帯の場合，一般の室内で 100 ns 以下，広いホールや倉庫で 150 ns 程度が標準的な値となる。

　マルチパス伝搬環境で高速のデータ伝送を行う場合，高速のデータ信号を無線伝送するためには，一般に広い周波数帯域を必要とする。このような幅広い周波数の無線信号がマルチパス伝搬路を経由すると，受信入力では図（b）に示すように，周波数軸上で見た受信信号のスペクトル波形は歪んでしまう。これは複数経路からの到来波が合成される際に，周波数によって各波の位相関係が異なるために生じる。このような信号歪みはマルチパス歪みと呼び，受信信号を劣化させ符号誤りに結びつく。

　一方，この状況を時間軸（図（c））で考えると，受信機にはさまざまな経路を通って到来した信号の合成波が入力される。遅延波成分が大きくなり隣接データ部分との重なりが大きくなれば，信号は劣化して符号誤りとなる。伝送速度を増加すると，一区切りのデータ（シンボル）を送信する時間（シンボル長時間）が短くなる。遅延プロファイルが等しい環境下でシンボル長が短くなると，遅延波はより離れたシンボルとも重なるため，より多くの干渉を受けることになり受信特性は劣化する。このマルチパス遅延波による劣化を符号間干渉

（inter-symbol interference：ISI）と呼ぶ。

3.2.2　OFDM 方式の原理と MIMO-OFDM

　OFDM の歴史は古く，基本理論は 1960 年代に考案された。しかし，多数のサブキャリア
を一括して変復調するフーリエ変換などの信号処理量が大きいため，マスユーザ向けの装置
として実用化できるようになったのは最近の LSI プロセス技術の進展によるところが大きい
といえる。図 3.2，図 3.3 に OFDM 伝送における OFDM 信号と典型的なブロック図をそ
れぞれ示す。図 3.2 に示すように，直交する複数の周波数の信号を多重して送信することが
特徴であり，以下に示す 3 点が，広帯域 MIMO 伝送を実現する上で OFDM の大きな特徴と
なる。

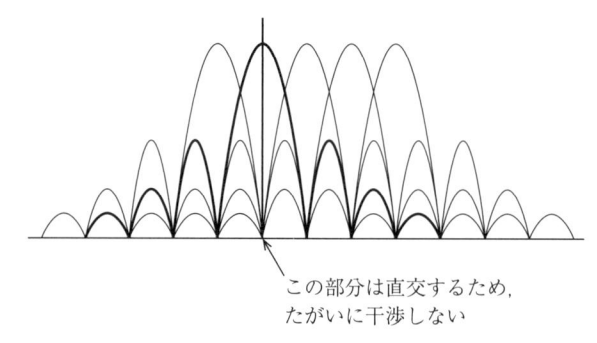

この部分は直交するため，
たがいに干渉しない

図 3.2　OFDM 信号（周波数領域）

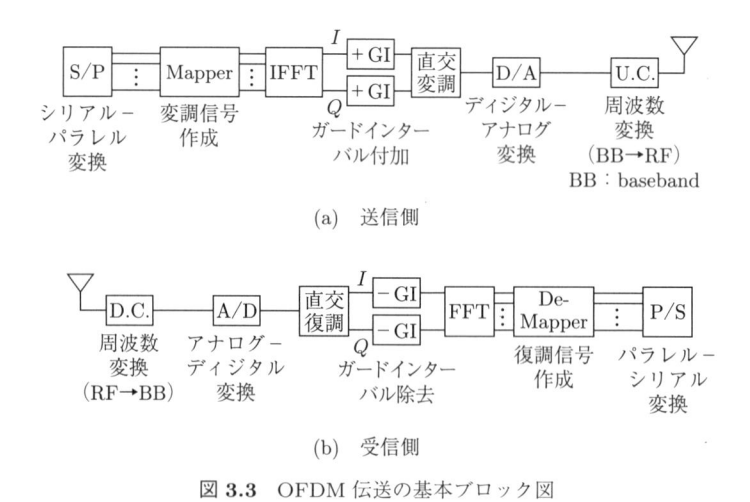

(a)　送信側

(b)　受信側

図 3.3　OFDM 伝送の基本ブロック図

① 直交した周波数に信号を送ることで，各信号を狭帯域化することができる。

② GI（ガードインターバル）により，長遅延波の影響を抑えることが可能となる。

③ 周波数軸上で狭帯域信号に対するチャネル推定が実現でき，同期系が比較的容易となる。

まず，①，②に関しては，LSI の進化により，IFFT，FFT の処理が比較的容易となり，これらの計算と GI の挿入/除去といった処理により，時間領域における適応等化器を使用しなくても広帯域伝送を実現できるようになったことは OFDM 導入による大きな成果である。また，各信号を狭帯域で扱うことができ，かつチャネル推定が比較的容易に行うことができることができるため，6 章で述べる MIMO を考える上でも OFDM は非常に相性がよい方式であるといえる。本書では狭帯域の信号で説明したが，じつは OFDM を考えれば，広帯域の信号に対する説明や原理がすべて適用することができる。具体的には，OFDM 信号のサブキャリア単位で MIMO の送信ウエイトの制御，受信側での信号分離技術を適用すればよい。

ここで，図 3.3 に関する説明を簡単に述べる。まず，送信信号を周波数方向データとしてマッピングする。これを IFFT し，時間領域の信号に変換する。つぎに GI を付加する。GI は，時系列の OFDM 信号の最後の一部分をこのデータの先頭にコピーアンドペーストする。GI の長さは遅延広がりにより決定され，一般にはシステムごとにある程度余裕をもって設計されている。その後，D/A 変換され，周波数変換されたのち，アンテナから信号が送信される。送信された信号は，その後受信側で送信とは逆の操作が行われる。アンテナで受信された信号は，周波数変換，A/D 変換される。その後，GI がまず取り除かれ，FFT が行われる。その後，チャネル推定，信号復号が行われる。

OFDM 方式は IEEE 802.11n では，6 章で解説する MIMO 伝送と併用して使用されている。これを MIMO-OFDM と呼ぶ。**図 3.4** に MIMO-OFDM のブロック図を示す。MIMO-OFDM 伝送が，最近の広帯域伝送における標準的な伝送方法となっている。LTE や IEEE 802.11n の無線 LAN では MIMO-OFDM が採用されている。図に示すように，MIMO-OFDM は空間軸と周波数軸上に送信信号をマッピングし，空間領域と周波数領域での多重化を実現する。空間領域と周波数領域は直交した次元であるため，MIMO と OFDM は組み合わせることの効果が非常に大きい。

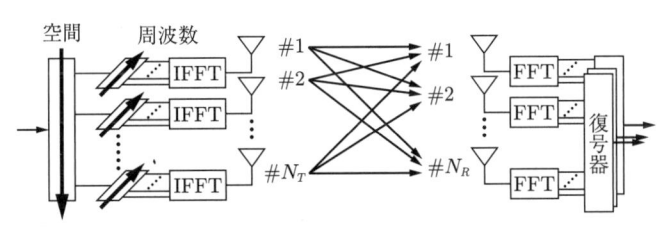

図 3.4 MIMO-OFDM のブロック図

3.3　IEEE 802.11a 標準規格における OFDM 方式

IEEE 802.11a 標準規格の主要諸元を**表 3.1** に示す。変調方式は複数のサブキャリアの合成波である OFDM 方式である。サブキャリアの変調方式は，伝送する情報伝送レートに応じて，BPSK，QPSK，16 QAM，64 QAM を用いる。OFDM では，一般的にサブキャリアごとに変調方式を任意に設定することも可能であるが，IEEE 802.11a では，制御の簡易さのため，すべてのサブキャリアで同じ変調方式を使用する。サブキャリア数は情報伝送に用いられる 48 本のサブキャリアと復調動作を補助する 4 本のパイロット信号用サブキャリアの合計 52 本となる。OFDM の変復調処理には IFFT/FFT 回路が用いられるが，本規格では 64 ポイントの IFFT/FFT 回路の利用を想定している。

表 3.1　IEEE 802.11a 標準規格の主要諸元

変調方式	OFDM 方式 （各サブキャリアの変調方式：BPSK，QPSK，16 QAM，64 QAM）
サブキャリア数	52 サブキャリア（4 パイロット信号含む） 64 ポイント FFT の利用を想定
誤り訂正方式	畳み込み符号化（拘束長=7，符号化率=1/2, 2/3, 3/4） ビタビ復号方式 シンボル内インターリーブ
伝送レート	6 Mbps　（BPSK，符号化率=1/2）　　　必須 9 Mbps　（BPSK，符号化率=3/4）　　　オプション 12 Mbps（QPSK，符号化率=1/2）　　　必須 18 Mbps（QPSK，符号化率=3/4）　　　オプション 24 Mbps（16 QAM，符号化率=1/2）　必須 36 Mbps（16 QAM，符号化率=3/4）　オプション 48 Mbps（64 QAM，符号化率=2/3）　オプション 54 Mbps（64 QAM，符号化率=3/4）　オプション
OFDM シンボル長	4.0 µs
ガードインターバル	0.8 µs
占有周波数帯域幅	16.6 MHz
チャネル間隔	20 MHz

OFDM では，前節で述べたように，マルチキャリア化と GI の挿入により符号間干渉を取り除くことができる。しかし，受信信号はマルチパス波の合成波であり，同相合成で強め合うサブキャリアもあり，逆相合成でレベルが低くなるサブキャリアもある，という具合に個々のサブキャリアのレベルは大きく異なる（図 3.1 (b)）。ここで，レベルが落ち込んだサブキャリアは雑音に埋もれてしまったり，他の端末（STA）などからの干渉を受けたりして符号誤りを生じやすくなる。これを救済するため，OFDM は誤り訂正符号化と組み合わせて用いることが一般的となっている。IEEE 802.11a では，ビタビ復号法の適用を想定し，畳み込み符号化が規定されている。

また，IEEE 802.11a では複数の情報伝送レートが規定されており，伝送路の状態に応じて適切な伝送レートを選択して利用する。この選択はフレーム誤りの観測などにより一般的に自動的に行われる。表 3.1 に示すように，情報伝送レートはサブキャリアの変調方式と畳み込み符号化の符号化率の組合せにより 6〜54 Mbps の 8 種のレートが規定されている。このうち，6，12，24 Mbps が必須であり，その他はオプション設定である。ここで，情報伝送レートと無線変調速度の比を符号化率と呼ぶ。例えば，IEEE 802.11a にて 64 QAM をサブキャリア変調に用いる場合の無線変調速度は 72 Mbps となるが，このうち 1/4 を誤り訂正のための冗長信号に割り当て，符号化率を 3/4 とした場合に 54 Mbps の情報伝送レートを得ることになる。

OFDM における送受信機の構成は，図 3.3 に示した構成が基本となっているが，ここでは，IEEE 802.11a における特徴をいくつか紹介する。IEEE 802.11a における送受信処理のフローを図 **3.5**，図 **3.6** にそれぞれ示す。送信データは，まず畳み込み符号化され，インターリーブ処理される。畳み込み符号化の符号化率は伝送レートによって，1/2，2/3，3/4 から選択される。例えば，24 Mbps の伝送を行う場合の符号化率は 1/2 であるため，畳み込み符号器により 2 倍に冗長化され 48 Mbps のデータ列を得る。インターリーブとは，誤り訂正の効果を高めるために送信ビットの順番を入れ替える処理である。続いて，サブキャリア変調，IFFT によるマルチキャリア信号生成，GI 付加は図 3.3 で説明した処理である。つぎに，得られた OFDM 信号の帯域外スペクトルを低減するために時間領域での簡単なウィンドウ整形処理を行う。得られた送信ベースバンド信号は直交検波や周波数変換を行って変調波として送信する。受信機では基本的に送信機と逆の処理を行う。GI 除去，FFT による分波処理，サブキャリア検波，デインターリーブ，ビタビ復号といった処理を行うが，そのためにはパケット信号ごとにさまざまな同期処理が必要となる。送受信には IFFT と FFT が

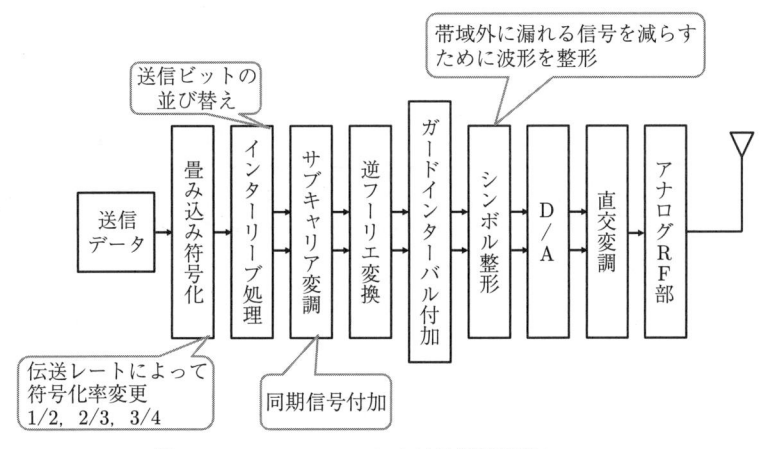

図 **3.5**　IEEE 802.11a における送信処理のフロー

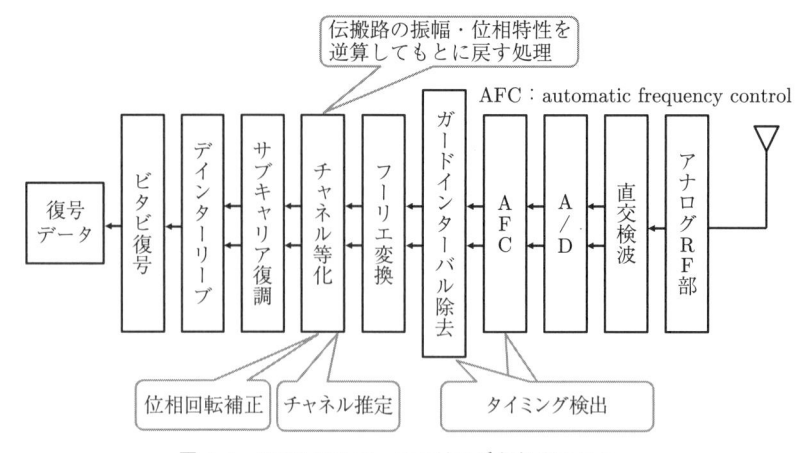

図 **3.6**　IEEE 802.11a における受信処理のフロー

用いられる。

3.3.1　畳み込み符号化とインターリーブ

　畳み込み符号器の構成を**図 3.7** に示す。図の例では，符号化率 1/2 の場合を示している。この符号器は連続する 7 入力ビットから符号化されるので，拘束長 7 の符号器と呼ばれる。図に示すように，規定されたレジスタを排他的論理和演算し，入力ビット列 X_n が A_n，B_n の 2 個のデータ列に符号化される。符号化率 1/2 を用いる伝送レートの場合には，得られた A と B のビット列を交互に出力する。その他の符号化率の場合は，この符号化率 1/2 の畳み込み符号をもとにパンクチャード処理を行う。パンクチャード処理は符号化率 1/2 の出力ビット列から規則的にビットを削って所望の符号化率に合うビット列を得る処理となる。受信側ではパンクチャード処理を行ったビット位置に，ビット判定に中立なダミーデータを挿入してビタビ復号を行う。

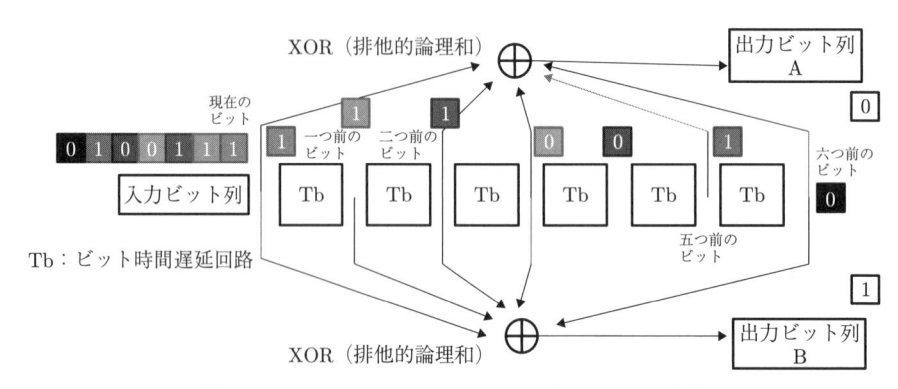

図 **3.7**　IEEE 802.11a における畳み込み符号器の構成

　畳み込み符号化されたビット列は，つぎにインターリーブ処理される。畳み込み符号化ビタビ復号法は連続符号誤りに弱いので，符号化後の隣接ビットの伝送をなるべく離れたサブキャリアで行うように OFDM シンボル内に閉じてビット入替えを行う処理がインターリーブである。

3.3.2　OFDM シンボルの生成

　IEEE 802.11a に規定された OFDM シンボル形式を図 **3.8** に示す。OFDM シンボルは 3.2 μs の IFFT 信号期間と 800 ns の GI から構成される。GI は IFFT 信号を循環的に拡張した信号であり，IFFT 出力信号列の後端の一定期間をコピーして IFFT 出力信号列の先端につなぎ合わせ，4.0 μs の OFDM シンボルを構成される。GI 長は OFDM の特徴であるマルチパス遅延耐性を決めるパラメータであり，利用する電波環境に合わせて決定される必要がある。一方，受信時には除去される冗長信号となる。GI を決定する目安として，無線 LAN はおもに屋内で使用されることを設定して設計されている。具体的には，マルチパス遅延の大きなホールや倉庫で遅延広がりが 150 ns の伝搬環境を想定し，遅延広がりの 5 倍程度の 800 ns を GI 長に設定している。なお，地上デジタル放送では屋外環境での使用を想定しているため，さらに大きな GI 長を設けている。

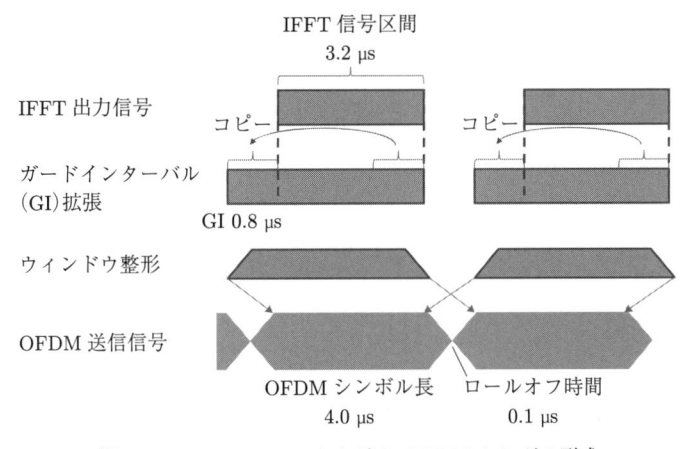

図 3.8　IEEE 802.11a における OFDM シンボル形式

　つぎに，OFDM シンボル長について考える。OFDM シンボル長は 4 μs となる。OFDM シンボル長を短くしなければならないより重大な理由が，IEEE 802.11 系無線 LAN のアクセス制御方式が CSMA/CA であることに関係する。CSMA/CA では本章で説明があるように，すべての STA が送信のタイミングの決定を伝送路の空き状態を確認しながら自律分散的に行う。このときの待ち時間は STA の送信や受信の処理時間をもとにした IFS（inter-frame space）によって規定されるため，送受信の処理時間を短くしないと，パケットとパケットの

間隙の時間が多くなってしまう。すなわち，アクセス制御効率の低下を招いてしまう。この観点からも OFDM シンボル長は長すぎないことが要求されている。以上より，必要となる GI 長に対して GI の占める割合をある程度以下に保ちつつ，OFDM シンボル長はなるべく短くしたいという要求を満足するように設定された。

　IFFT 出力信号を拡張して GI 信号を付加した後，図 3.8 に示すように時間領域でのウィンドウ整形処理を行う。このウィンドウ整形は変調信号の帯域外スペクトルの低減が目的である。このウィンドウ処理は OFDM シンボルの先端と後端の 1 サンプルを 0.5 倍とするだけの非常に簡単な処理に相当する。このロールオフ部分は受信処理に利用しないため，隣接シンボルと重ね合わせて信号電力の有効利用を図っている。

3.3.3　サブキャリア数と伝送速度の関係

　IEEE 802.11a 標準の OFDM 信号のサブキャリア配置を図 **3.9** に示す。中心周波数のサブキャリア番号を 0 として上下に −26 から +26 までの 53 本のサブキャリアから構成される。このうち，サブキャリア番号 −21，−7，+7，+21 の 4 サブキャリアは受信の位相回転補正に必要なパイロット信号の送信に用いられる。また，中心のサブキャリア 0 は使用しない。このサブキャリアは，送信機での D/A 変換器や直交変調器，受信機での直交検波器や A/D 変換器の DC オフセット成分，あるいは高周波回路のキャリア信号漏れによる劣化が大きいためである。データ信号は残りの 48 本のサブキャリアを用いて伝送される。IFFT 信号期間長が 3.2 µs であるため，サブキャリア間隔はその逆数の 312.5 kHz となる。したがって，変調信号の占有周波数帯域幅は 312.5 kHz × 53 = 16.6 MHz となる。このときに得られる伝送速度を計算してみる。16 QAM を用いて符号化率を 1/2 とするとき，1 サブキャリアでは 1 シンボル当り 2 bit を伝送する。48 サブキャリアでは 96 bit の伝送を行う。これを 4.0 µs

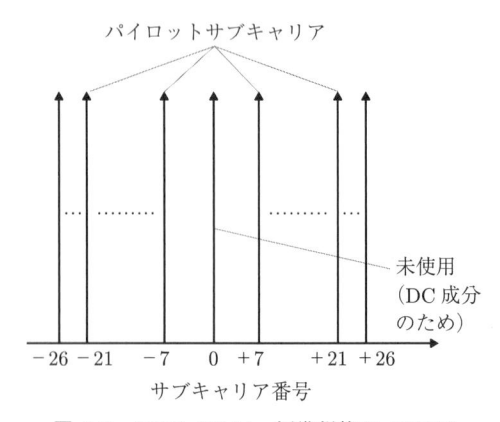

図 3.9　IEEE 802.11a 標準規格の OFDM
信号のサブキャリア配置

の 1 OFDM シンボルで伝送するので，伝送レートは $96/4.0\,\mu s = 24\,\mathrm{Mbps}$ となる。同様に，64 QAM，符号化率＝ 3/4 の場合は，1 OFDM シンボルで $6 \times (3/4) \times 48 = 216\,\mathrm{bit}$ の伝送を行うため，$216/4.0\,\mu s = 54\,\mathrm{Mbps}$ となる。

3.3.4 PHY 層の信号フォーマット

PHY 層における制御信号のフレームフォーマットを図 **3.10** に示す。図に示すように，プリアンブル区間，シグナル区間，データに大別される。プリアンブル区間は，無線パケット信号の受信同期処理に用いられる。ショートプリアンブル（2 OFDM シンボル），ロングプリアンブル（2 OFDM シンボル）から構成され，合計 4 OFDM シンボル（16.0 μs）となる。シグナル区間は，後続して送信されるデータの伝送速度とデータ長の情報を AP と STA 間で共有するための区間となる。

図 **3.11** にプリアンブル区間の詳細を示す。ショートプリアンブルは図に示すように特定のサブキャリアのみに信号をマッピングし，この信号を IFFT した信号から先頭の 16 サン

PLCP プリアンブル 4 OFDM シンボル	シグナル 1 OFDM シンボル	データ

無線パケット信号の受信同期　　後続して送信されるデータの
処理に必要な 16.0 μs の信号　　伝送速度とデータ長

図 **3.10**　IEEE 802.11a 標準規格の PHY 層における制御
信号のフレームフォーマット

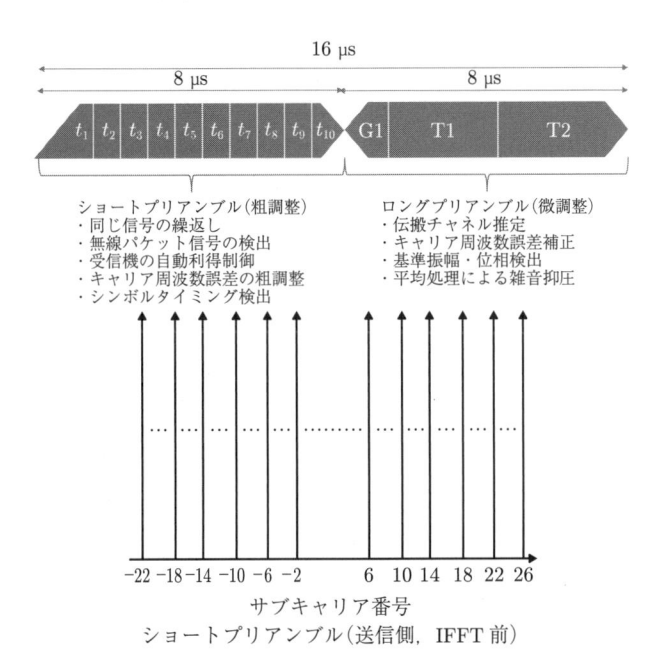

図 **3.11**　IEEE 802.11a 標準規格のプリアンブル区間の詳細

プルだけ取り出す。これを 10 回繰り返して送信する（$t_1 \sim t_{10}$）。ショートプリアンブルは受信側で無線パケット信号のデータの先頭の検出に用いる。これは，受信された信号とあらかじめ送信側で用意された IFFT 後の時間波形をスライディング相関することで実現される。また，この処理後には，受信機の自動利得制御，キャリア周波数誤差の粗調整，シンボルタイミング検出が行われる。

　ロングプリアンブルでは，伝搬チャネル推定を行うことが目的である。MIMO でもこのロングプリアンブルを複数回送信されることで伝搬チャネル推定が実現されるため，このロングプリアンブルの存在は必須であるといえる。ロングプリアンブルでは，この他にパイロットチャネルを用いたきめ細かなキャリア周波数誤差補正が行われる。また，平均化処理を行うことで熱雑音の影響を抑圧している。また，信頼性を高めるため，ロングプリアンブルは BPSK 変調で送信されている。

　図 **3.12** にシグナル区間の詳細を示す。図に示すように，シグナル区間はデータの伝送速度とパケット長を知らせる機能であり，IEEE 802.11a における無線 LAN では環境に応じて適応変調符号化を行うため，この情報は非常に重要となる。また，シグナル区間は最も信頼性の高い 6MHz の伝送速度（符号化率 1/2，BPSK）で伝送されている。

RATE 4 bit	予約 1 bit	LENGTH 12 bit	パリティ 1 bit	Tail 6 bit
データ部の 伝送速度を 通知	データ部の 伝送速度を 通知	パケットの 長さを示す		これらの情報の 畳み込み符号化 を終端する

図 3.12　IEEE 802.11a 標準規格のシグナル区間の詳細

4 | 無線 LAN の MAC 層の概要

4.1　アクセス制御と拡張機能

　無線 LAN の MAC（medium access control）層の基本機能は，CSMA/CA（carrier sense multiple access with collision avoidance）による無線アクセス制御機能と，基地局（AP：access point）と端末局（STA：station）間のマネージメント機能に大別される。

　アクセス制御のおもな機能としては

　　・ランダムアクセスによる無線チャネル競合時の送信機会の平等化

　　・ランダムアクセス時の隠れ端末対策：RTS/CTS 制御

　　・パケットどうしの衝突発生時や無線伝搬誤り時の再送制御

がある。さらに，MIMO や MU-MIMO 伝送に対応したアクセス制御機能が追加されている。

　AP と STA 間のマネージメントのおもな機能としては

　　・STA の認証と暗号化

　　・STA と AP 間の従属関係の管理

　　・ハンドオフ（STA と AP 間の従属関係の更新）

がある。

　本章では，おもにランダムアクセス制御と再送制御の動作について説明するとともに CSMA で最も重要なキャリアセンスアルゴリズムについても解説する。また無線 LAN で利用されるフレームフォーマットをマネージメント，コントロールフレームも含めて紹介する。さらに，本章の最後にはアクセス制御の手順をもとにしたスループットの計算方法について解説する。

　無線 LAN のアクセス制御は，自律分散制御（DCF：distributed coordination function）による無線チャネル・アクセス方式である。この自律分散制御にはフレームの衝突をできるだけ回避するために無線チャネルの使用状況を見てからフレームを送信するかどうか決定する CSMA/CA アクセス方式が用いられる。図 4.1 に CSMA/CA の送信手順を示す。CSMA はフレームの送信を試みようとするそれぞれの無線局が事前に聞き耳を立てて（キャリアセンス）無線チャネルの使用状況を確認し，他の無線局による送信が聞こえている間，送信を

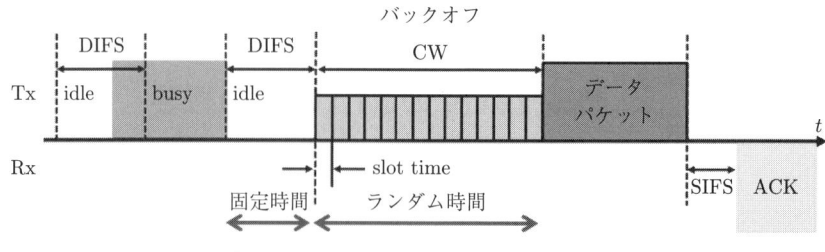

図 **4.1**　CSMA/CA によるアクセス制御

見合わせること（送信待機）によって，衝突をできるだけ回避する。フレームを送信していない無線局は電波を送信していないため，キャリアの使用状況をセンス（検出）し，一定期間未使用（idle）であればキャリアを誰も使用していないと判断し，送信を開始する。無線チャネルが使用中（busy）であれば，idle になるまで送信を延期する。このキャリアセンスにより，チャネルが使用中かどうかを各無線 AP，無線 STA は判断することができる。

　イーサネットで利用される CSMA/CD と無線 LAN での CSMA/CA の違いは，図 **4.2** に示すように，CSMA/CD においては送信中に衝突を検出し，もし検出したら即座に通信を中止し待ち時間を挿入するのに対し，CSMA/CA は送信の前に待ち時間を毎回挿入する点である。CSMA/CD は，有線であるため衝突時に伝送路の電圧の変化により衝突を即座に検出可能となる。一方，CSMA/CA は伝送路が無線媒体であるため，無線媒体上では衝突による干渉を検出することが難しい。そこで，データを送った宛先から ACK（確認応答）フレームが返信されることで，データ送信が成功したかどうかを判定する。図（a）と（b）を比較するとわかるが，衝突発生時に再送も含めた伝送時間が大きく違うことがわかる。また再送時には衝突回避のためのバックオフ処理時間も大きくなる。このことから，無線 LAN のアクセス制御は，有線と比較して非常に効率が悪い手法であるといえる。このような課題も踏まえ

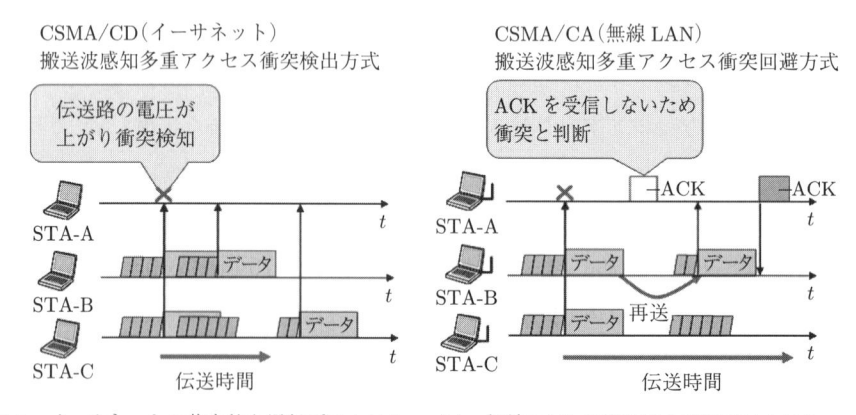

（a）　イーサネットの基本的な通信プロトコル　　（b）　無線 LAN の基本的な通信プロトコル

図 **4.2**　有線と無線の通信プロトコルの違い

て，無線 LAN のアクセス制御について解説していく。

4.2　CSMA/CA アクセス方式とキャリアセンスのアルゴリズム

さらに，802.11 規格には信号を送信する前に最低限の送出信号間隔として IFS（inter-frame space：フレーム間隔）が定義されている。

基本的なアクセス手順としては図 4.1 で示すように，busy から idle の移行を契機に IFS の時間だけ待ち，引き続きバックオフと呼ばれるランダムな時間のキャリアセンスを行って，継続して idle であることを確認した無線局のみが信号の送信権利を得る。バックオフのランダム時間は，CW（contention window）と呼ばれる範囲から選択され，その範囲の最大値と最小値は，CW_{min}，CW_{max} として定義されている。CW の詳細は，4.2.3 項で後述する。

なお，IFS 時間は固定長だが，キャリアセンスを効果的に行うためにその長さを複数定義して使い分けることで，無線局間の優先権をコントロールすることが可能となっている。

4.2.1　IFS による優先制御

具体的な IFS 時間による優先制御については**図 4.3** に示す。また各種パラメータを**表 4.1** に示す。まず，最優先権の最も短い間隔として SIFS（short IFS：短フレーム間隔），つぎに優先権の高い PIFS（point coordination function IFS：ポーリング用フレーム間隔），そして，間隔が長く最低優先権の DIFS（DCF IFS：分散制御用フレーム間隔）時間が用意されている。

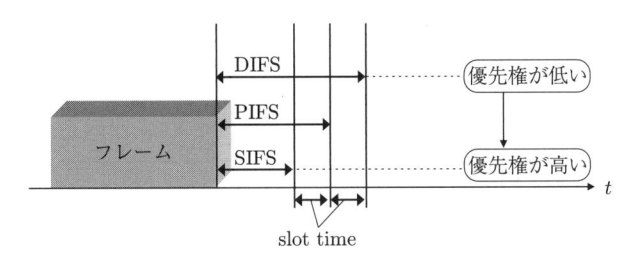

図 **4.3**　IFS による優先制御

表 **4.1**　アクセスパラメータ

パラメータ	802.11a	802.11b
CW range	15-1023	31-1023
slot time	9 μ	20 μ
SIFS	16 μ	10 μ
PIFS	25 μ	30 μ
DIFS	34 μ	50 μ

　DCF で用いられる通常のデータフレームは最も優先度の低いフレーム間隔の DIFS 時間を使用し，応答については正しくデータフレームを受け取り次第，送信側に正常受信したことを知らせるための ACK フレームを最優先の SIFS 時間を用いて送信する。DIFS 時間より短い SIFS 時間を用いることにより，データフレーム送信後に他の無線局に割り込まれることなく ACK フレームを送信することができ，通信を完了する。また，IEEE 802.11 規格では分散制御の DCF 以外にポーリングモードによる集中制御方式（PCF：point coordination function）がオプションとして定義されており，ポーリングを用いるこの制御は，PIFS 時間を使用する。DIFS 時間より短い PIFS 時間を用いて DCF 期間に PCF 期間が割り込むことができるため，DCF/PCF の制御期間を時間分離し周期的に運用することができる。

4.2.2　EIFS によるフレーム送信の同期機能

　DCF にはさらに EIFS（extended IFS）と呼ばれる送出信号間の間隔が用意されている。図 **4.4** に示すように，フレームの送信を試みようとする無線局は，無線チャネルの使用状況が busy で，かつ busy の原因となったフレームがエラーと検出された場合に，busy の後は DIFS の代わりに EIFS を使用する。busy と判断された原因がフレームエラーと検出されなければ DIFS を使用する。EIFS の間隔は，EIFS 時間 ＝ SIFS 時間 ＋ ACK フレーム長 ＋ DIFS 時間がセットされる。

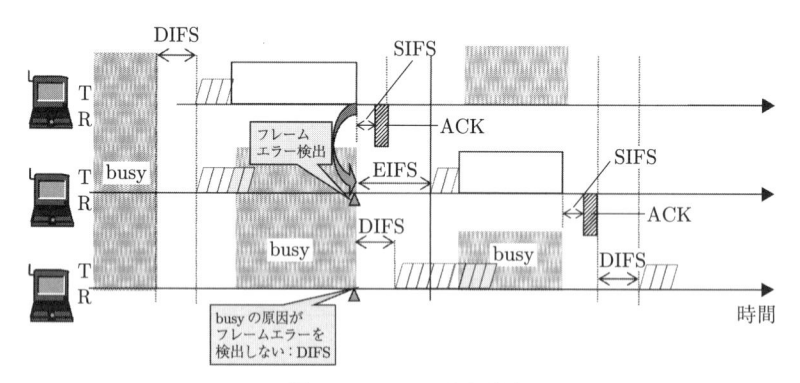

図 **4.4**　EIFS の利用方法

　EIFS は busy 後 idle に変わってからさらに ACK フレームを受信するまでの時間と DIFS 時間の和だけ送信待機する時間である。ある無線局から送信されたフレームは，宛先無線局以外の送信待機している無線局でフレームエラーを検出した場合，無線チャネルが busy の後 idle に変わっても EIFS 時間送信動作を待機する。これはフレームの宛先無線局は正常受信し，ACK が返信される可能性があるため，ACK フレームが受信完了する時間まで送信待機を延長する。busy となる原因がフレームエラーと検出されなければ，干渉波の影響で ACK

フレームは送信されないと判断し，busy 後 idle に変わってから即座に DIFS を使用して送信動作を行う。

【IFS の種類】

SIFS（short inter-frame space）：802.11 で定義されているフレーム送信間隔の中で最小のものであり，データフレームに対する ACK フレームや RTS に対する CTS フレームなどを送信する際に使用される。

DIFS（DCF inter-frame space）：DCF においてキャリアセンスを行う際に，busy 状態のチャネルから信号電力が検出されなくなり，idle 状態に変化したと判断されるまでの時間間隔。

PIFS（PCF inter-frame space）：802.11 規格でオプションとして定義される PCF（point coordination function）による集中制御（ポーリング）に使用。DIFS 同様にキャリアセンスを行う際の idle と判断する時間間隔。

EIFS（extended inter-frame space）：busy かつ busy の原因がフレーム受信エラーと検出されたとき，DIFS の代わりに送信待機する時間間隔。

4.2.3　バックオフ制御

前述したバックオフの制御は，キャリアセンスに加えて衝突を回避するための方法として，802.11 規格で定められている。バックオフ制御では，チャネルが DIFS 時間もしくは EIFS 時間だけ idle になった後，フレームを送信しようとする無線局は規定の CW 範囲内で乱数を発生させ，その乱数値をもとにしたランダム時間（バックオフ時間）が決められる。バックオフ時間は一定時間（slot time）の倍数であり，idle であれば乱数値を slot time ごとに減算して，最後に 0 となった無線局が送信を行うといった制御を行う。キャリアセンスをランダム時間だけ行うことにより，各無線局には公平な送信機会が与えられることになる。フレームが衝突した場合は，再送ごとにバックオフ制御の CW の範囲は 2 倍に増加する 2 進指数バックオフのためフレームの再衝突する確率を低減させる。

ここで，バックオフ時間は

$$\text{バックオフ時間} = Random() \times \text{slot time}$$

とする。$Random()$（乱数値）は $[0, CW]$ 範囲の一様な分布から生成されたランダムな整数値である。CW は最小値が CW_{min} と最大値が CW_{max} の範囲内の整数で，$CW_{min} \leq CW \leq CW_{max}$ となる。フレームの衝突などによる再送ごとに

$$CW = (CW_{min} + 1) \times 2n - 1 \quad (n \text{ は再送回数} \geq 0)$$

の指数関数（2 進指数）で CW の範囲は増加し，例えば CW の最小値 $CW_{min} = 15$ から最大値 $CW_{max} = 1\,023$ とした場合，**図 4.5** のように CW の範囲を広げる。CW_{max} に達した

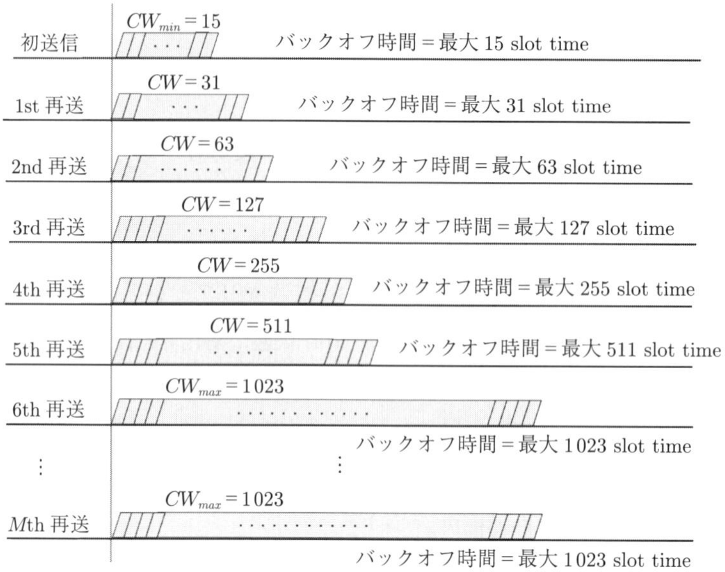

図 4.5　指数関数で増加する CW サイズの例

ときは，あらかじめパラメータで決められた最大再送回数 M 回となるまで CW の範囲を広げず CW_{max} のままとし，M 回再送に失敗したフレームは破棄される。

4.2.4　キャリアセンスによる受信レベル

　キャリアセンスを行うにあたって，受信信号の電力レベルを用いてチャネル使用状況を判断するキャリアセンスレベルが設定されている。例として，802.11a では ① 802.11a 信号のプリアンブルを検出した場合は信号の受信を行うため busy とする。② 802.11a 信号のプリアンブルを検出できなかった場合は，**図 4.6** に示すように，キャリアセンスレベルは $-62\,\mathrm{dBm}$ と規定されている。キャリアセンスエリア内からの $-62\,\mathrm{dBm}$ 以上の電力レベル（干渉波 1）が検出された場合は busy と判断し，送信を待機する。$-62\,\mathrm{dBm}$ 未満の電力レベル（干渉波 2）であれば，idle と判断される。

　これを物理的なキャリアセンスといい，キャリアセンスレベルが極端に高く設定されている場合にはキャリアセンスのエリアも広がり，遠方からの微少な信号に対しても敏感に反応するため，信号の送信機会を減らすことになってしまう。またレベルを低く設定した場合には干渉波が強くても idle と判断して信号の送信を行うため，頻繁に受信誤りが発生してしまうこととなる。このため，CSMA が正常に動作するために，無線 LAN の利用方法や環境に応じてキャリアセンスレベルが適当な値に設定されている必要がある。この受信電力によるキャリアセンスは，5 GHz 帯を用いる 802.11a では規定されているが，2.4 GHz 帯を用いる

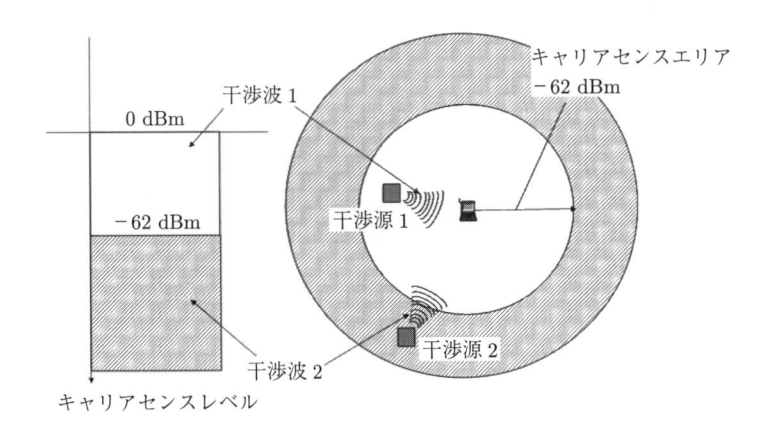

図 **4.6**　キャリアセンスレベル

802.11b/g では無線 LAN のプリアンブル信号を検出したときに busy としており，受信電力による idle/busy の判定は規定されていない。これは 2.4 GHz 帯が ISM バンドであり，産業・科学・医学用の機器に用いられている周波数帯であるため，無線 LAN 以外の機器が混在する。このため受信電力の判定を明記すると，利用環境によっては無線 LAN の送信機会を失ってしまう懸念がある。そこで，このような規定は設けず，実装依存とされている。

4.2.5　キャリアセンスと送受信のアルゴリズム

つぎにキャリアセンスの基本的な動作と受信時のアルゴリズムについて解説する。図 **4.7** の例はフレーム受信時の DIFS からバックオフ，データ，SIFS の PHY 層の PMD（physical medium dependent），PLCP（physical layer convergence protocol）と MAC 層とのやりとりを示したものである。前述したように，フレームの送信を試みようとするそれぞれの無線局は，DIFS およびバックオフによってキャリアセンスを行い，無線チャネルの使用状況を確認する。

ここで，DIFS は，SIFS + 2 slot time と定められており，また，バックオフは，CW からランダムに選ばれた値に，slot time をかけた時間である。さらに，SIFS は，以下のような D1，M1，Rx/Tx というパラメータから構成される。

D1=aRxRFDelay+aRxPLCPDelay

M1=aMACProcessingDelay 2 μ

Rx/Tx= aRxTxTurnaroundTime 2 μ

=aTxPLCPDelay+aRxTxSwitchTime+aTxRampOnTime+aTxRFDelay

D1 は，aRxRFDelay と呼ばれる PMD から PLCP へ PMD_DATA.indication の送信とシンボルの終わりの時間および，aRcPLCPDelay と呼ばれる PMD から MAC へ受信フレー

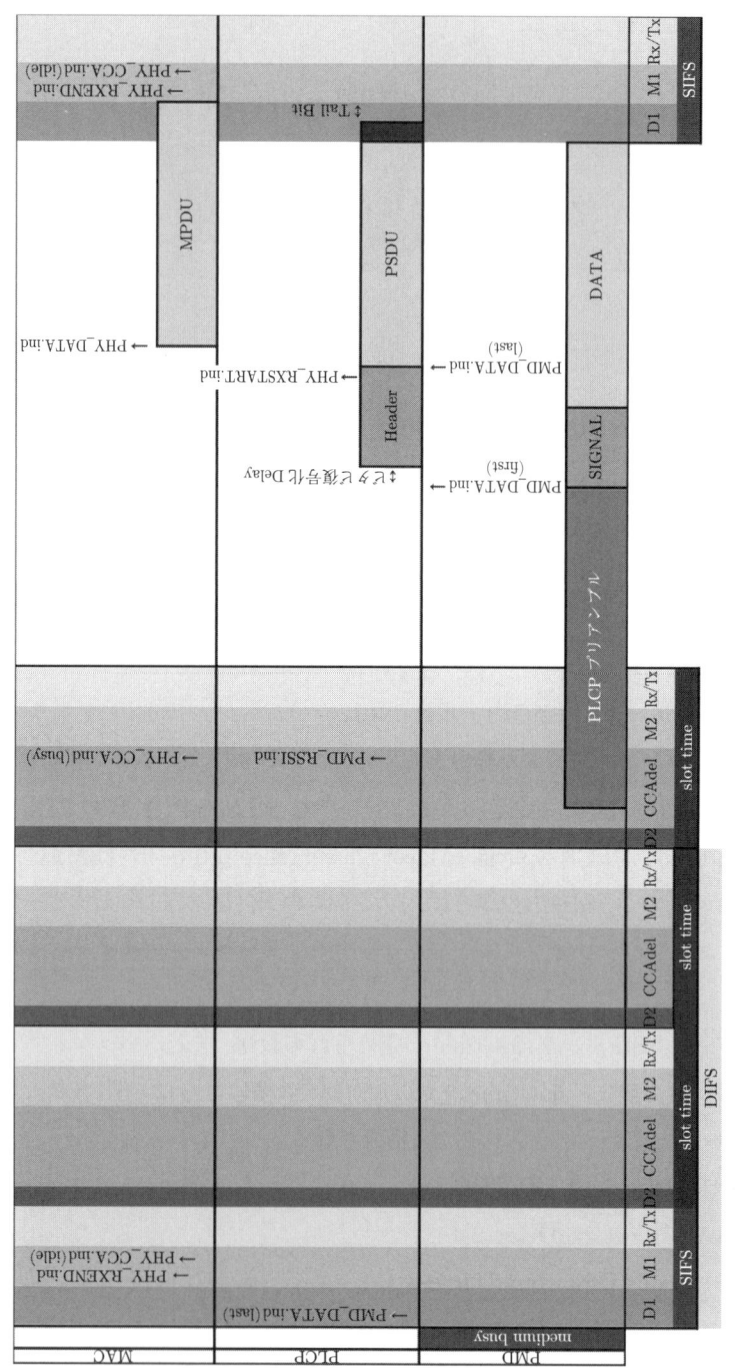

図 **4.7** キャリアセンスからフレーム受信までの例

ムの最終ビットを PLCP に送信するための時間で構成される。これらは，前フレームの受信遅延や処理遅延を考慮するための時間であり，aSIFSTime と呼ばれる MAC/PHY がフレームの最終シンボルを受信するための時間（16 µs）および aCCATime と呼ばれる busy/idle を判断するための最小時間（4 µs）の要件を満たしていれば，あとは実装に依存する。

M1 は aMACProcessingDelay と呼ばれる MAC の処理遅延の最大時間（2 µs）となっている。これは，データ受信終了である PHY_RXEND.indication プリミティブ，もしくは，いずれかのスロット境界の応答のための PHY_CCA.indication（idle）に従って，MAC が送信リクエストである PHY_TXSTART.request を発行する最大時間である。

Rx/Tx は，aRxTxTurnaroundTime と呼ばれる最初のシンボルを開始するために PHY が受信から送信に変更するために必要な最大時間（2 µs）であり，aTxPLCPDelay，aRx-TxSwitchTime，aTxRampOnTime，aTxRFDelay の四つの時間から構成される。aTxPLCPDelay は，PMD の送信データパスに MAC インタフェースからシンボルを提供するために PLCP が使用する時間であり，aRxTxSwitchTime は，PMD が受信から送信に切り替えるための公称時間（1 µs）である。aTxRampOnTime は，PMD が送信機をオンにするためにかかる最大時間であり，aTxRFDelay は，PMD へ PMD_DATA.request の発行とシンボルの開始の時間である。また，aTxPLCPDelay，aTxRampOnTime，aTxRFDelay の三つの時間は，aRxTxTurnaroundTime の要件を満たしていれば，あとは実装に依存する。

また，slot time は，D2，CCAdel，M2，Rx/Tx から構成される。SIFS，slot time のそれぞれのパラメータは以下のようになる。

D2=D1+Air Propagation Time=D1+1 µs

CCAdel=aCCATime−D1 4 µs−D1

M1=M2=aMACProcessingDelay 2 µs

Rx/Tx=aRxTxTurnaroundTime 2 µs

D2 は，前フレームの受信遅延や処理遅延を考慮するための公称時間である D1 と伝搬遅延（1 µs）である。伝搬遅延は，スロットが同期している STA との最大距離の 2 倍の伝搬時間となる。CCAdel は，busy/idle の判断時間の aCCATime から D1 を引いたものであり，D2 と CCAdel で処理遅延を考慮しているため，前フレームの処理遅延はここで相殺される。ここで受信電力は，PMD から PMD_RSSI.indication によって PLCP に送信され，キャリアセンスレベルの閾値以上の受信電力を受信した場合，MAC は，PHY_CCA.indication を idle から busy に変更し，受信態勢に入る。M1 は MAC の処理遅延 M2 と同じであり，Rx/Tx は SIFS で使用される送受信の切替えと同じである。

キャリアセンスレベルの閾値以上であり，PMD において，PLCP プリアンブルが受信されると，PMD からデータの受信を知らせる PMD_DATA.indication が PLCP に送信され

る。PLCP では，PMD から送信された信号をビタビ符号化によって復号するため，PMD と PLCP の間では，復号のための遅延が生じる。ヘッダを受信し，復号した PLCP は MAC へ PHY_RXSTART.indication を送信し，MAC での受信が開始される。PLCP からのデータは，PHY_DATA.indication によって MAC に送信され，データの最後は，PHY_RXEND.indication によって判断する。PHY_RXEND.indication を受け取って MAC での処理が完了すると，PHY_CCA.indication を idle にし，処理が完了する。

　図 **4.8** にデータ受信時の処理の流れを簡単に示す。このフローチャートはデータ受信成功時のものである。受信機は，無線帯域が idle 状態となるとキャリアセンスを行い，キャリアセンスレベル以上の信号を検出すると，PHY_CCA.indication を busy とし，busy 状態を MAC へ伝える。その後，PLCP プリアンブルを検出するとパリティチェックや，モジュレーションタイプの変更を行い，PLCP プリアンブルのチェックが完了すると，PSDU を受信するためのセットアップを行う。もし，PLCP プリアンブルの受信時に何かしらのエラーを検出した場合は，PHY_CCA.indication を idle とし，キャリアセンス状態に移行する。PSDU を受信するためのセットアップでは，データ長の設定を行い，PHY_RXSTART.indication（RXVECTOR）によってデータの受信体制に入る。そして，PMD_DATA.indication によってデータの受信を行う。PLCP によってシンボルの復調を行い，復調後，設定したデータ長のカウントを減らす。カウントを減らすと，また，PMD_DATA.indication によって PSDU（MAC ヘッダを含む MAC フレーム）を受信し，データ長のカウントが 0 になるまで繰り返す。データ長のカウントが 0 になると PSDU の受信が完了し，PHY_RXEND.indication を MAC へ送信し，PHY_CCA.indication を idle に変更してキャリアセンスに戻る。

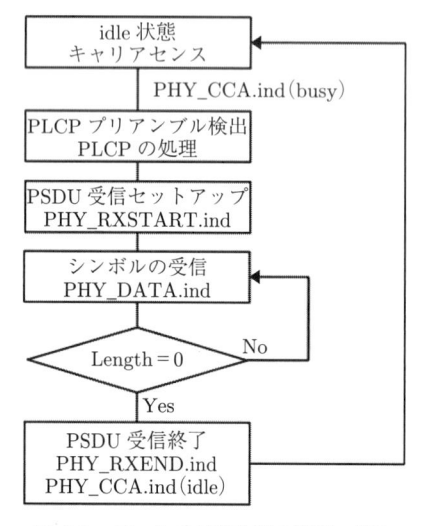

図 **4.8**　データ受信成功時の処理の流れ

4.3 IEEE 802.11e の優先制御による QoS 機能

その他に，802.11e では優先制御方式として EDCA（enhanced distributed channel access）が規定されている。優先制御で用いられる EDCA は，アプリケーション（音声，映像，ベストエフォートトラヒック）の優先度ごとの待ち時間は DIFS の代わりに AIFS（arbitration inter-frame space）と呼ばれるパラメータがセットされる。

EDCA では，図 4.9 に示すように上位レイヤからのパケットを四つのアクセスカテゴリ（AC）に分類して各キューに格納し，それぞれの優先度に応じて無線フレームを送信する。四つの AC とは，優先度が高い順から，AC_VO（Voice），AC_VI（Video），AC_BE（Best Effort），AC_BK（Background）となる。パケットの分類方法としては一般的に，IP ヘッダの TOS（type of service）フィールドの値や，IEEE 802.1D で規定される VLAN-Tag のプライオリティの値を四つの AC に割り当て，分類する。分類された四つの AC にはそれぞれ，無線フレーム送信に使用する EDCA パラメータが定められており，このパラメータで送信機会の優先度の差を決定する。

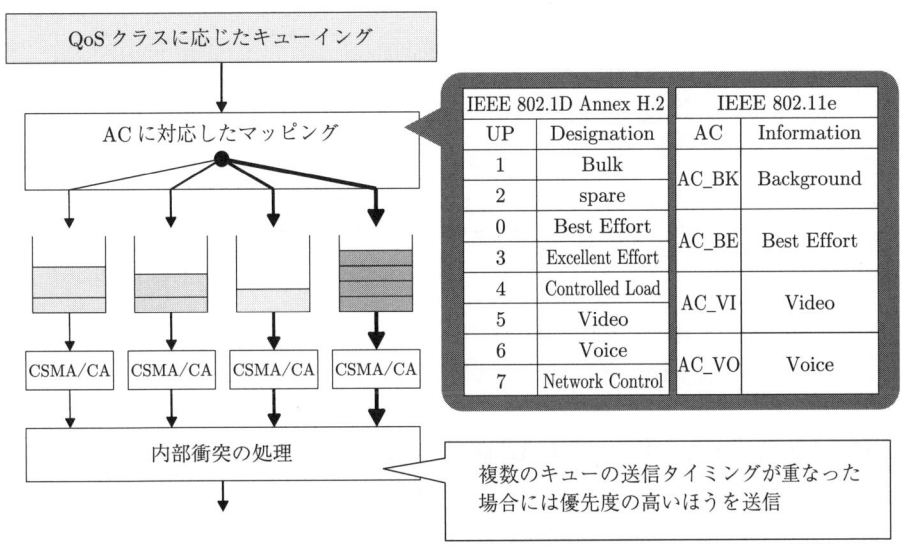

図 4.9　キューのクラス分けによる優先制御

AIFS による優先制御と 802.11e のアクセス制御を図 **4.10** に示す。通常の IEEE 802.11 無線 LAN のアクセス方式である DCF では，CSMA/CA と呼ばれる手順で無線フレームを送信する。CSMA/CA では送信するフレームを保持している STA は，まずキャリアセンスと呼ばれる動作を行い，使用する周波数帯が使用中であるかどうか調べる。使用中でなければ，基本的には DIFS と呼ばれる，定められた待ち時間と，CW と呼ばれるスロット数だけ送信待機しており，その間にキャリアセンスで電波の使用が検知されなければ送信を開始する。EDCA ではこの CSMA/CA 手順が，AC ごとに独立に行われ，最初に待機時間が 0 になった AC もしくは無線 LAN STA が無線フレームの送信権を得ることになる。複数の AC の待機時間が同時に 0 になった場合は，あらかじめ定められた優先度に従い，高い優先度の AC が送信権を獲得する。待機する CW のスロット数は，各 AC に設定されている CW サイズ以下の整数値を送信するフレームごとにランダム選択し，スロット数を決定する。

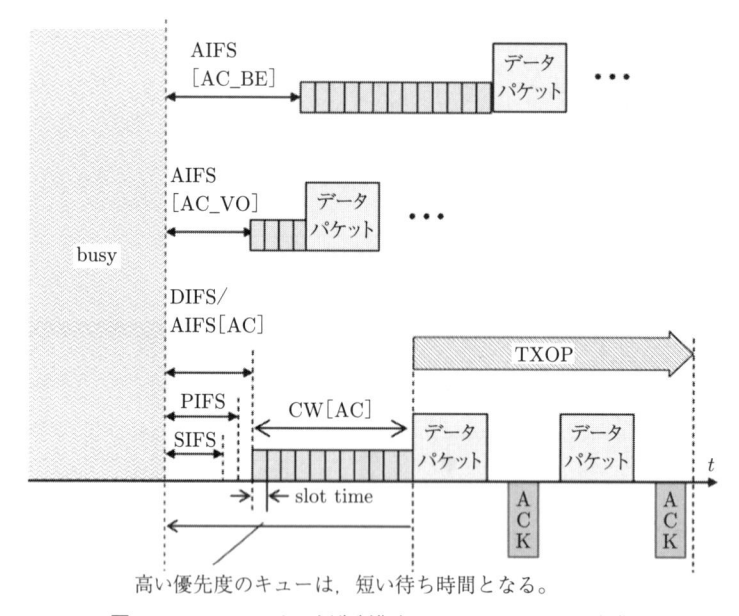

図 **4.10**　AIFS による優先制御と 802.11e のアクセス制御

これにより同時に送信しようとする AC 間および STA 間のフレーム衝突を回避する。CW サイズは CW_{min} と CW_{max} の二つのパラメータで規定される。フレームの送信が最初の場合は CW_{min} を CW サイズとして使用する。誤りなどで再送される場合にはこの CW サイズを CW_{min} から増加させ，より広い範囲の値から待ち時間のスロット数を選択する。誤りが多いほど輻輳状態で，衝突が多い状況である可能性が高いため，よりランダム性を増すことで衝突を回避できるようにするためである。何度か再送するたびに CW サイズは増加するが，その上限値を定めるのが CW_{max} になる。EDCA では AC ごとの待ち時間は DIFS の

代わりに AIFS と呼ばれるパラメータがセットされ，優先度が高い AC ほど小さく設定されている。同様に CW_{min}, CW_{max} も優先度が高い AC ほど小さく設定され，高優先度の AC のパケットは優先的に送信できる確率が高くなる。また，EDCA では一度送信権を獲得した AC が最小待ち時間 SIFS 間隔での無線フレームの連続送信を可能とする仕組みも取り入れている。この連続送信可能な時間は TXOP（transmission opportunity）と呼ばれ，この上限の時間が TXOP limit として AC ごとに規定されている。TXOP limit = 0 は 1 パケットのみの送信が許可されることになる。このようなパラメータを用いて EDCA は優先制御を実現する。

　EDCA の四つの AC で使用するアクセスパラメータ（AIFS, CW_{min}/CW_{max}, TXOP limit）は，各 STA で標準の値を保持しているが，AP から送信されるビーコンフレーム中に記述することにより各 STA が使用すべきパラメータを通知することが可能である。STA はビーコンフレームを受信すると使用する EDCA パラメータを更新し，以降の送信は更新されたパラメータを使用して行う。したがって AP が周囲の EDCA 対応 STA のアクセスパラメータを制御することが可能となる。

4.4　MIMO 伝送と SU/MU-MIMO 伝送によるアクセス制御

　MIMO 技術は，複数のアンテナで異なるデータを送受信する技術である。図 **4.11** に示すように，MIMO を用いた各伝送方式において，MIMO と MU-MIMO の異なる点は，複数のアンテナから送信される異なるデータのストリームを 1 対 1 の無線局で送受信するものを MIMO とし，複数のアンテナから送信する異なるデータのストリームを異なる STA で送受信するものを MU-MIMO と呼ぶ。MU-MIMO は，1 対多のネットワーク環境で，同時に同じ周波数で送受信することにより，接続する無線局全体でチャネル容量を向上させることが可能となる。これは，CSI フィードバック手順を用いたチャネル推定を行い，異なる STA にビームを向けることで空間分割多元接続を実現する。一方，1 対 1 の MIMO 伝送でも，CSI フィードバック手順を用いたチャネル推定を行うことにより，最適な伝搬経路を推定する固有モード伝送がある。固有モード伝送は，MIMO 伝送における最適送受信方法であることも知られている。ここでは 1 対 1 の MIMO 伝送において，図（a）の eigenmode SDM に示すように固有モードを用いた MIMO 伝送を SU-MIMO（single user-MIMO）（あるいは固有モード SDM）と呼び，図（a）の SDM に示すように従来の 802.11n で採用されている ZF（zero forcing）法を用いる伝送方法を単に MIMO（あるいは SDM）と呼ぶこととする。

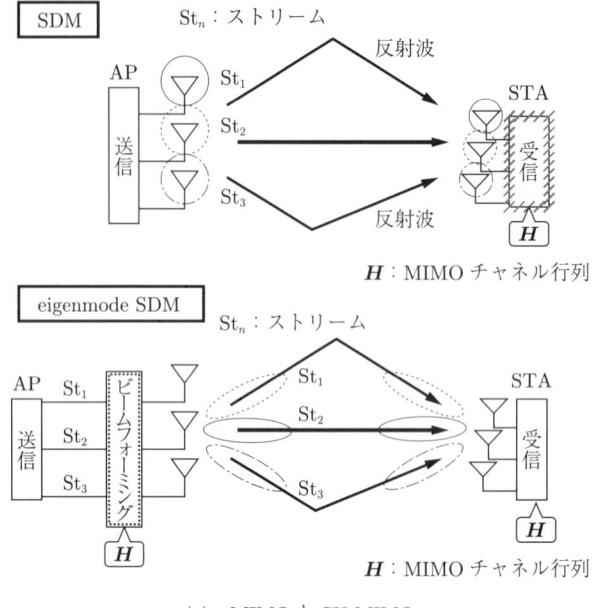

(a)　MIMO と SU-MIMO

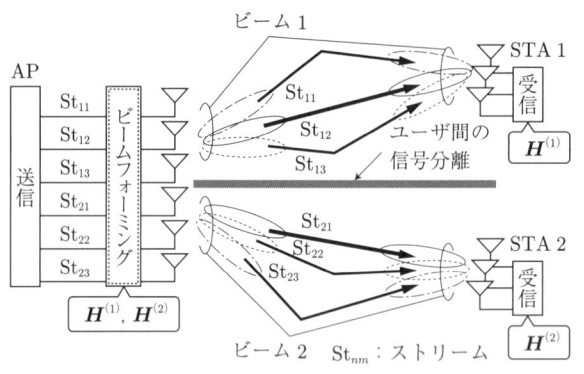

(b)　MU-MIMO

図 **4.11**　MIMO と SU/MU-MIMO の違い

4.4.1　MIMO を用いたアクセス制御（IEEE 802.11n）

　無線 LAN の MAC 層におけるアクセス制御では，CSMA/CA が用いられている。無線局からデータパケットを送信する前に，干渉波や他の無線局からのデータパケットを検出するためのキャリアセンスを実施する。ランダムな時間のキャリアセンスを実施し，チャネルが busy の場合は送信処理を即座に中断する。チャネルが idle に変わり次第，送信処理に移行する。無線 LAN の規格では，高速化を図るために伝送方式を変更してきたが，この CSMA/CA

は，現在までのすべての規格に採用されており，MIMO 伝送においても用いている。キャリアセンスの手順は，固定期間のキャリアセンスを実施する DIFS と，規定された範囲からランダム時間だけキャリアセンスを実施するバックオフ手順があり，これらの期間すべて idle であればデータパケットは送信される。

　図 **4.12** に，2 本のアンテナを用いた 2 × 2 MIMO 伝送における CSMA/CA を用いたアクセス制御手順の例を示す。キャリアセンス後に，データパケット送信後，受信局から確認応答（ACK）フレームが返信された場合は，送信が成功し，ACK が返信されない場合は，受信誤りと判断し，再送制御が実施される。再送制御は，再度，DIFS+バックオフのキャリアセンスを繰り返し実施する。ここで，データのペイロードサイズは，最大で，1 048 575 byte であり，これは，イーサネットの最大パケットサイズが 1 500 byte であるのに対し，アグリゲーションによりパケットを連結して連続で送信することが可能である。A-MPDU などのアグリゲーションを用いた場合には，MAC 層のアクセス制御手順で費やされるオーバヘッドの割合が削減されるため，伝送効率は飛躍的に向上し，スループットも増加する。しかし，干渉や伝搬誤りが高い場合には，再送制御によるオーバヘッドが大きく影響し，高い効果が得られないことが懸念される。

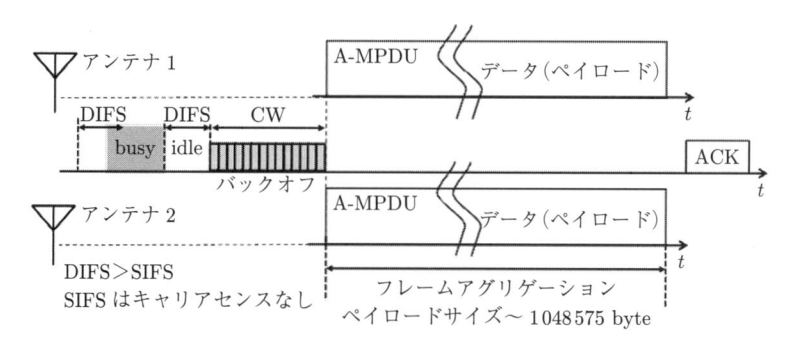

図 4.12　MIMO 伝送によるアクセス制御手順

4.4.2　固有モード伝送，MU-MIMO を用いたアクセス制御（IEEE 802.11ac）

　つぎに，MU-MIMO のアクセス制御について**図 4.13** で説明する。AP は STAs にビームを動的に向ける送信ビームフォーミングにより異なる信号を同時に送受信できることから空間リソースを有効に利用する。802.11n で利用される MIMO では，各 STA に対して時分割でデータを送信するが，MU-MIMO では，複数の STA に対して同じ周波数を使用して同時にデータを送信することが可能となる。AP のアンテナ数は，最大で 8 本を用いることが可能である。MU-MIMO では，開始のアナウンスとして AP が NDPA（null data packet announcement）を全 STA に送信する。つぎに，各 STA へ送信ビームフォーミングによっ

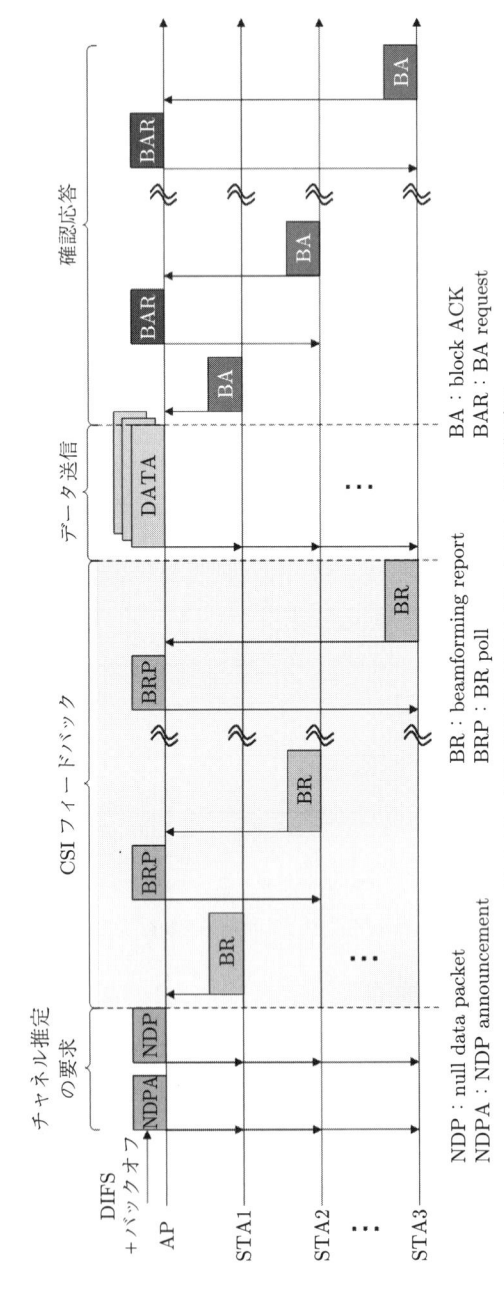

図 4.13 MU-MIMO 伝送を用いたアクセス制御手順

てビームを形成するために AP と STA 間でチャネル推定を行う。チャネル推定では，AP
が既知の信号（NDP：null data packet）を STA に送り，STA は，チャネル特性などの情
報である CSI（channel state information）を BR（beamforming report）によって AP に
フィードバックする。これらの手順は，全 STA に対して BRP（beamforming report poll）
のポーリング契機によって実施され，その後，ビームが形成できた場合にはデータパケット
を STA 宛に多重で同時に送信する。すなわち，データパケットは，この CSI フィードバッ
クによるチャネル推定が完了したところで送信状態へ移行し，同期して送信しなければなら
ない。これらの処理は，データ送信開始までのオーバヘッドとなり，伝送効率を低下させる。
また，複数 STA 宛に同期してデータを送信しなければならないため，従来の無線 LAN は，
自律分散制御であったが，MU-MIMO を用いるためには集中制御のような送信タイミング
をスケジューリングするなどの工夫が必要となる。表 **4.2** で 802.11ac の MU-MIMO で用い
られる各種フレーム長やアンテナ数，アグリゲーションサイズを示す。

表 **4.2** 802.11ac の各種パラメータ

パラメータ	値
アンテナ数	AP：4 or 8，STA：2
NDPA（null data packet announcement）	64〜76 μs（STA：1〜10）
NDP（null data packet）	68 μs
BR（beamforming report）	91〜433 μs（Ex.134 μs：256 QAM）
BRP（beamforming report poll）	52 μs
BA（block ACK）	64 μs
BAR（block ACK request）	56 μs
フレームアグリゲーション	7 500 byte

SU-MIMO は，このビームフォーミングを AP が STA 1 宛に形成することであり，最大 8
本のアンテナから STA 1 宛に多重でデータを送ることができる。STA 1 宛で複数 STA 間の
多重はしないものの，MU-MIMO のように多数の STA 宛にアンテナの組合せを考慮する必
要がなく，簡易で効果的な通信品質を実現できることが特徴である。アンテナ数は，802.11ac
では最大で 8 本用いることが規定されており，MU-MIMO は，2 本のアンテナを 1 組として
各ユーザにビームを向けると，データストリーム数（ビーム数）は 4 本となり，最大 4 ユー
ザに対して多重伝送が可能となる。ただし，ユーザ数が増加した場合は，この 8 本のアンテ
ナを用いて，すべてのユーザに対してチャネル推定の手順を繰り返し実施し，多重伝送可能
な 4 ユーザを選定しなければならず，これは非常に大きなオーバヘッドとなる。ユーザ数に
対する CSI フィードバックの影響や伝送効率の基本的な性能評価方法については，5 章にお
いて詳しく述べる。また，従来の MIMO と同様に，A-MPDU のアグリゲーションを実施す
ることが可能である。A-MPDU の必須サイズは 8 191 byte であるため，6 章での基本的な

性能評価はこの値を用いて実施している。

さらに伝送速度の高速化を実現するために，アンテナ数を増やした多重伝送だけでなく，図 2.17 で示したように，帯域幅を 40 MHz（802.11n）から 80 MHz（最大 160 MHz）（802.11ac）へ拡大し，高速化が図られている。PHY 層における，MIMO を用いた 802.11n の最大伝送速度は，変調方式が，最大で 64 QAM，帯域幅 40 MHz，サブキャリア：6 bit，サブキャリア数：108 本，アンテナ数：4 本によって，600 Mbps となる。一方，MU-MIMO を用いた 802.11ac では，変調方式は最大で 256 QAM が採用されており，帯域幅 160 MHz，サブキャリア：8 bit，サブキャリア数：468 本，アンテナ数：8 本によって，約 7 Gbps を実現する。ただし，SU/MU-MIMO の変調方式のアンテナごとの組合せは，AP-STA 間の距離によって選択されるため，MCS（modulation and coding scheme）インデックスによって決められる。これは AP-STA 間の距離に伴うストリーム数およびストリームごとの MCS インデックスとによって 802.11ac の MAC 以上のスループットが求められる。すなわち PHY 層のチャネル推定やそれに伴うアンテナの数を算出しなければ，正確な MAC-SAP の特性が得られないことを意味する。

ここまでの解説により，SU/MU-MIMO 伝送を用いたアクセス制御は，802.11n 採用の MIMO を含む従来の無線 LAN のアクセス制御と比較すると，CSMA/CA のプロトコルがベースにしているものの，大きく異なる点があることが理解できたかと思う。従来と異なる点を以下にまとめる。

① 多重伝送を行うためには，データ送信直前に CSI フィードバックのチャネル推定を毎回実施する必要がある。

② 多重伝送は，データが同期したタイミングで送信しなければならないため，AP の集中制御に類似している。

③ MU-MIMO では，チャネル推定で最適なアンテナ／STA の組合せを行った際に，利用されないアンテナや，多重伝送のできない STA が生じることがある。

④ MU-MIMO に限らず SU-MIMO の 1 対 1 の通信においても，ストリームごとに伝送レート（MCS）が異なる。

⑤ ④ に関連し，ストリームごとのアグリゲーションフレームの伝送レートが異なり，また送信データ量も異なるため，アグリゲーションの終了が同じ時間になるように算出が必要である。

① については，先にも述べたように CSI フィードバックのオーバヘッドが大きい場合には，SU/MU-MIMO 伝送による空間多重伝送を行うよりも従来の MIMO やレガシーの伝送方式のほうが，MAC 層以上では伝送効率がよい可能性がある。また，② では，多重伝送するための条件として送信キューに 2 ないしそれ以上の宛先のデータが入力されていなければなら

ない。これは従来の無線 LAN の自律分散制御と異なり，AP による集中制御や，アプリケーションに適したデータ送信などのスケジューリング制御が必要となるかもしれない。さらに③ の条件のように，つねに同じ STA への宛先や送信できるデータ量が固定されているわけではないので，SU/MU-MIMO が適用できる STA の選択は複雑になることが考えられる。④ は SNR に従って MCS が選択されるので，⑤ と関連してアグリゲーションの長さの調整や，距離とスループットの関係から，従来の MIMO を用いるか，あるいは SU/MU-MIMO を用いたほうがよい特性が出るかは通信条件やサービスの条件などに依存すると考えられる。

SU/MU-MIMO を利用する際は，これらの通信方式に依存した適用範囲・条件を考慮してサービスなどに適用していく必要があり，関連する適用領域などの条件については 5 章での基本的な性能評価とあわせて解説する。

4.5　IEEE 802.11ac の QoS 機能サポート

ここで，MU-MIMO 伝送時における EDCA を用い QoS 機能について説明する。

IEEE 802.11 無線 LAN における QoS 機能の提供を目的とした標準規格が，IEEE 802.11e の優先制御方式として規定されており，詳しくは，4.3 節で説明している。IEEE 802.11ac における動作概要に関する機構図を**図 4.14**（a）に示す。

基本的機能は，802.11e で規定されているが，802.11ac でもこの EDCA 機能を応用して優先制御を実現しており，この機能を独自に，EDCAF（EDCA function）と呼んでいる。802.11ac では，MU-MIMO 伝送を使用した EDCA と TXOP（transmission opportunity）の共有が可能であり，これは，AP のダウンリンク MU-MIMO 伝送のみにおいて使用できるモードである。図（a）のキューの振り分けの例では，STA1 宛の AC_VI の (1) データが TXOP を獲得した際に AC_VI を優先アクセスカテゴリ，AC_VO と AC_BE をセカンダリアクセスカテゴリとして TXOP を共有する。この TXOP の共有は，最大で 4 台の STA までのグループが対象となる。MU-MIMO 伝送では，Group ID と呼ばれる MU-MIMO 伝送を行う STA のグループを AP で定義し，すべての STA に通知している。これによって，決定されたグループごとに 4 台まで共有することができ，同時送信可能となる。

図（b）は，図（a）のようにキューイングされたときに，STA1 宛の AC_VI の (1) データが送信権を獲得し，AC_VI が優先アクセスカテゴリとなった場合の送信制御の例である。基本的には，優先度の高いアクセスカテゴリから FIFO（first in first out）で送信されるが，優先アクセスカテゴリより送信時間の長い他の STA 宛のデータを送信することはできない。そこで，最初の送信では，優先アクセスカテゴリである AC_VI の STA1 および STA3 宛のデータ，今回の例では優先度の低い AC_BE の (1) データが送信される。優先度の最も高い

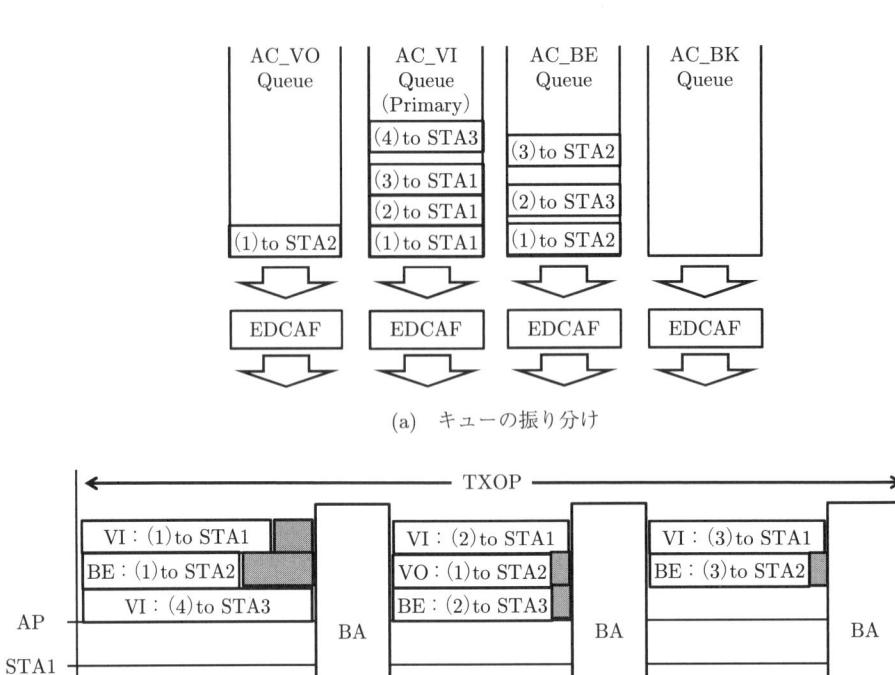

(a) キューの振り分け

(b) TXOP の共有

図 **4.14** MU-MIMO 伝送における EDCA 制御の例

AC_VO にも STA2 宛のデータがあるが，AC_VI の (4) より長いデータであると優先度の低いアクセスカテゴリのデータが送信される可能性がある。また，データ送信時間をそろえるため，短い送信時間のデータには Padding をつけ，送信の末尾をそろえる。その後，確認応答のための BA（block acknowledgment）と BAR（BA request）のやりとりを行い送信を完了する。その後も，優先アクセスカテゴリのデータの送信時間を基準にほかの STA 宛のデータを送信する。

4.6 理論計算によるスループットの計算方法

　本節では，無線 LAN の伝送速度の算出方法と MAC-SAP におけるスループットの簡易的な算出方法を解説する。

　伝送速度は，変調方式の多値数，変調速度，サブキャリア数，符号化率から求められる。例として，OFDM を用いた 802.11a で算出する。801.11a の OFDM サブキャリア数は，図 **4.15** に示すように，OFDM シンボル当り 48 である。ここで，OFDM の周波数軸で直交し，

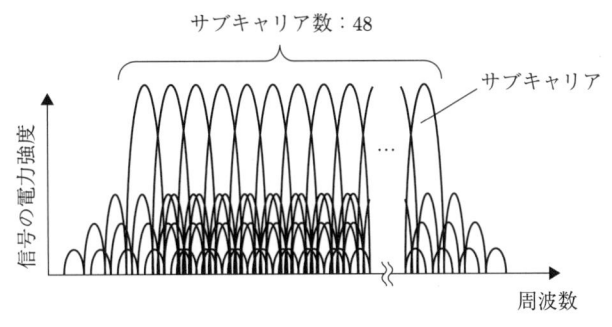

図 4.15 OFDM シンボル

分割された搬送波のセットを OFDM シンボルとし，分割されている各搬送波をサブキャリアと呼ぶ。例えば**図 4.16** に示す変調方式が 16 QAM の多値化の場合，生成できる情報量は 4 bit である。サブキャリアごとにこの 4 bit が情報として乗せられるため，OFDM シンボルに対しては，4 bit × 48 本 = 192 bit の情報量を乗せることができる。また，実際に伝送できる情報量は，誤り訂正のための符号化率に依存する。符号化率が 1/2 であるなら，伝送できる情報量は半分の 96 bit となる。

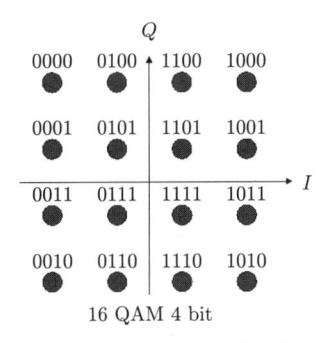

図 4.16 16 QAM の多値化

無線 LAN の 802.11a では，OFDM シンボルを生成する変調速度は，4 µs とされている。すなわち変調速度とは 1 秒間に変調できる回数であり，搬送波が専有する周波数帯域によって決まる。シャノンの法則によれば，1 Hz の帯域を専有する場合は，1 秒間に 1 回変調が可能となる。OFDM ではサブキャリア当りの専有帯域幅が 312.5 kHz（= 20 MHz/64）であり，実際の変調速度は 250 k 回/s となる（数値が一致しない理由は，実際の OFDM では，マルチパス干渉のためのガードインターバルが入るため 4/5 程度であり，変調速度が 250 k 回/s とされている）。これにより，4 µs ごとに 96 bit の情報量が伝送されることになり，伝送速度は 24 Mbps と算出される。この例による伝送速度の算出方法は次式となる。また，**表 4.3** に伝送速度を算出するためのパラメータをまとめる。

$$24\,\text{Mbps（伝送速度）} = 4\,\text{bit（16 QAM）} \times 48\,\text{本（サブキャリア数）}$$
$$\times 1/2\,\text{（符号化率）} \div 4\,\text{µs（変調速度）}$$

表 4.3　伝送速度の算出パラメータ

伝送速度〔Mbps〕	変調方式	符号化率	1サブキャリアの情報量〔bit〕	1シンボルの情報量〔bit〕	1シンボルの符号化率を含む情報量〔bit〕
6	BPSK	1/2	1	48	24
9	BPSK	3/4	1	48	36
12	QPSK	1/2	2	96	48
18	QPSK	3/4	2	96	72
24	16 QAM	1/2	4	192	96
36	16 QAM	3/4	4	192	144
48	64 QAM	2/3	6	288	192
54	64 QAM	3/4	6	288	216

これは，802.11a の例として説明しているが，802.11n の場合には，高速化を図るために変調速度を短縮して 3.6 µs とし，サブキャリア数も帯域幅を拡大したことにより最大 108 本，符号化率も 64 QAM で 5/6 を採用し，MIMO による多重伝送で 4 倍（アンテナ 4 本）を用いて，最大で 600 Mbps を実現している。

このように，伝送速度の算出をすることはできるが，実効的なスループット（MAC-SAP のスループット）では，パケットのヘッダやキャリアセンス時間，MU-MIMO などでは，CSI フィードバックのチャネル推定時間などのオーバヘッドを考慮して算出しなければならない。つぎに，MAC-SAP における簡易的なスループットの算出方法を説明する。

レガシーのフレーム構成は図 4.17（a）のようになっている。DIFS +バックオフのキャリアセンス時間後，PHY ヘッダである L-STF（8 µs），L-LTF（8 µs），L-SIG（4 µs）を送信後，PLCP プリアンブルや，PLCP ヘッダ信号を含む 802.11 ヘッダ，MAC ヘッダ等の LLC ヘッダ，IP ヘッダ送信後，データ，FCS 等が送信され，SIFS 時間後，ACK フレームの受信をもって送信が可能となる。

図（b）に示すように，802.11n 規格では，MAC ヘッダにプラスして HTC（high throughput control：4 byte）が使用される。HTC は，データだけでなく，RTS や CTS，ブロック ACK，ブロック ACK リクエストにも追加される。さらに PHY ヘッダには，レガシーのヘッダのほかに，HT（high throughput)-SIG（8 µs），HT-STF（4 µs），HT-LTFs（4 µs per symbol）が追加される。HT-LTF はストリーム数に依存しており，802.11n 規格では，最大 4 ストリーム × 4 µs となる。

図（c）に示すように，802.11ac 規格では，DIFS+バックオフのキャリアセンス後，CSI フィードバックが実行される。CSI フィードバックは，ストリーム数，帰属 STA 数，帰属 STA のストリーム数によって異なる。また，データフレームの受信成功/失敗の判断は，ブロック ACK，ブロック ACK リクエストによって行われるため，帰属 STA 数分の処理時間がかかる。802.11n 規格同様，HTC フィールドが追加されており，前記のフレームだけでなく，CSI フィードバックに必要な NDP や NDPA 等にも追加される。さらに PHY ヘッダには，レ

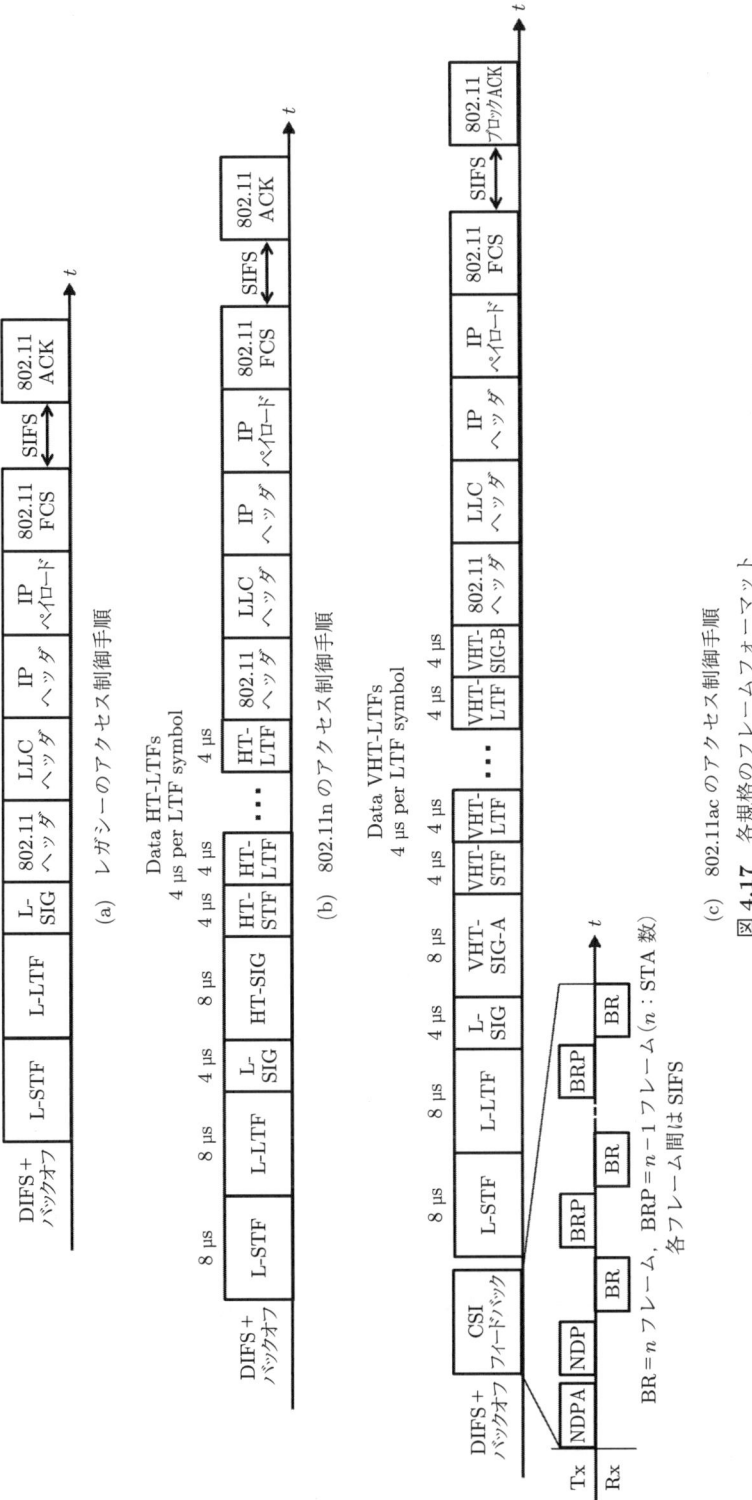

(a) レガシーのアクセス制御手順

(b) 802.11n のアクセス制御手順

(c) 802.11ac のアクセス制御手順

図 **4.17** 各規格のアクセス制御手順・フレームフォーマット

ガシーのヘッダのほかに，VHT（very high throughput）-SIG-A（8 µs），VHT-STF（4 µs），VHT-LTFs（4 µs per symbol），VHT-SIG-B（4 µs）の 4 種類が追加される。VHT-LTF はストリーム数に依存しており，802.11ac 規格では，最大 8 ストリーム × 4 µs となる。

図 **4.18** に理論計算による 802.11a/n/ac 規格のスループット特性を示す。PHY ヘッダのパラメータは図 (a) のフレームフォーマットの値を用いており，MAC ヘッダおよびデータ，フレーム間隔，CSI フィードバック等の値は表 **4.4** のパラメータを用いて導出している。周波数帯 5 GHz，帯域 20 MHz，パケットサイズ 1 500 byte としており，AP が 1 台，STA が 1 台の 1 対 1 の場合の IP レベルでのスループットの結果となっており，横軸は伝送レート，縦軸はスループットである。また，802.11n/ac の結果は，2 × 2 および 4 × 4 MIMO の結果であり，それぞれ，1 500 byte で送信した w/o A-MPDU と A-MPDU を用いて（w A-MPDU）送信した場合の結果を載せている。A-MPDU サイズはデフォルト値である 8 191 byte に 1 500 byte のパケットを詰め込んだ場合を考え，1 500 byte × 5 の 7 500 byte を A-MPDU サイズとして評価している。また，ACK，ブロック ACK，CSI フィードバック等に使用されるフレーム送信時の伝送レートはデータ送信時の伝送レートと同じ速度で送信している。図 (a) に 802.11a のスループット特性の結果を示す。802.11n/ac より伝送レートは低いものの，MAC レベルでは高いスループットが得られていることがわかる。しかし，伝送レート 54 Mbps 時にはスループットが約 29 Mbps と，伝送レートの約 53.7 ％しかスループットが出ない。これは，MAC ヘッダやフレーム間隔等のオーバヘッドによるものであり，伝送レートが上がるにつれ，オーバヘッドの影響が大きくなる。

図 (b) に 802.11n のスループット特性の結果を示す。802.11a と比べると伝送レートは格段に高くなっているが，伝送レートに対するスループットは低下する。4 × 4 の MIMO 伝送の伝送レート 260 Mbps で A-MPDU を使用した場合でも，約 51.8 ％のスループットしか得られず，A-MPDU を使用しない場合では，約 17.9 ％となる。これは，伝送レートが上がったことによってオーバヘッドの影響が大きくなったことと，802.11n 用に追加された PHY ヘッダのフィールドや HTC による影響である。また，2 × 2 と 4 × 4 MIMO 伝送でスループット特性に差が生まれるのは PHY ヘッダの HT-LTFs の数の違いである。

図 (c) に 802.11ac のスループット特性の結果を示す。今回評価した規格の中では最も高い伝送レートではあるが，スループットは 802.11n より低くなり，伝送効率が非常に悪い。4 × 4 の MIMO 伝送は伝送レート 312 Mbps であり，A-MPDU を使用した場合でも約 36 ％のスループットしか得られず，A-MPDU を使用しない場合では，約 10.2 ％となる。これは，802.11ac 用に追加された VHT のフィールドおよび CSI フィードバックによるオーバヘッドが大きく影響しているためである。また，2 × 2 と 4 × 4 MIMO 伝送でスループット特性に差が生まれるのは PHY ヘッダの HT-LTFs の数の違いおよび CSI フィードバックの BR サイ

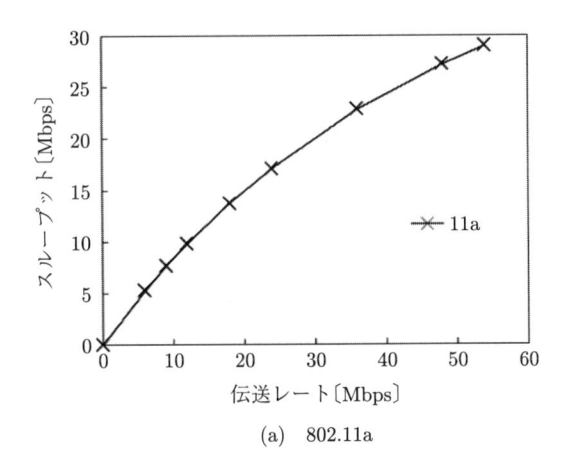

(a) 802.11a

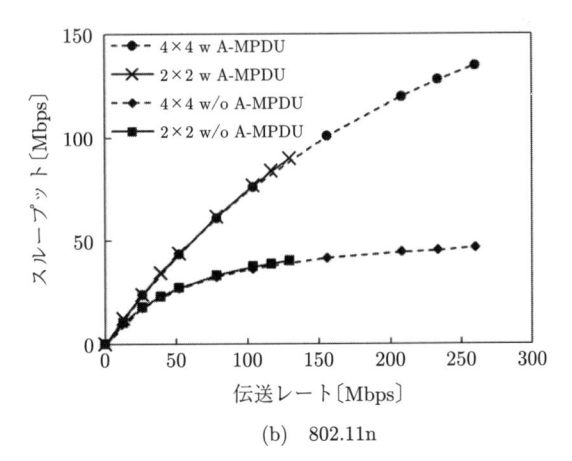

(b) 802.11n

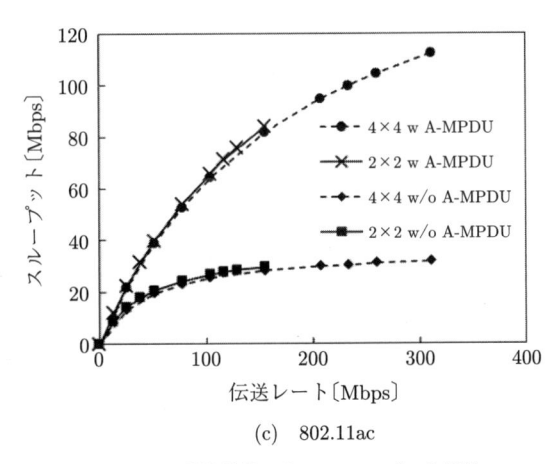

(c) 802.11ac

図 **4.18** 理論計算によるスループット特性

表 **4.4**　理論計算に用いたパラメータ

IEEE 802.11a/n ACK フレーム長 〔μs〕	PLCP プリアンブル + {PLCP ヘッダ（シグナル）+ ラウンドアップ [{PLCP ヘッダ（サービス）+802.11 ACK フレーム + FCS + tail/データビット }] × シンボル長 = 16 + [1 + ラウンドアップ {(16 + 10 × 8 + 4 × 8 + 6)/データビット }] × 4
IEEE 802.11ac ブロック ACK フレーム長〔μs〕	PLCP プリアンブル + {PLCP ヘッダ（シグナル）+ ラウンドアップ [{PLCP ヘッダ（サービス）+802.11 ブロック ACK フレーム + FCS + tail/データビット }] × シンボル長 = 16 + [1 + ラウンドアップ {(16 + 26 × 8 + 4 × 8 + 6)/データビット }] × 4
IEEE 802.11a データフレーム長 〔μs〕	PLCP プリアンブル+{PLCP ヘッダ（シグナル）+ ラウンドアップ [{PLCP（サービス）+802.11 MAC ヘッダ + LLC ヘッダ + IP パケット + FCS + tail/データビット }] × シンボル長 = 16 + [1 + ラウンドアップ {(16 + 26 × 8 + 8 × 8 + 1500 × 8 + 4 × 8 + 6)/データビット }] × 4
IEEE 802.11n/ac データフレーム長 〔μs〕	PLCP プリアンブル+{PLCP ヘッダ（シグナル）+ ラウンドアップ [{PLCP（サービス）+802.11 MAC ヘッダ（+ HTC）+ LLC ヘッダ + IP パケット + FCS + tail/データビット }] × シンボル長 = 16 + [1 + ラウンドアップ {(16 + 30 × 8 + 8 × 8 + 1500 × 8 + 4 × 8 + 6)/データビット }] × 4
フレーム間隔	SIFS：16〔μs〕　　スロットタイム：9〔μs〕 DIFS + 平均バックオフ時間：34 + 15 × 9/2 = 101.5
NDPA〔μs〕	PLCP プリアンブル+{PLCP ヘッダ（シグナル）+ ラウンドアップ [{PLCP ヘッダ（サービス）+802.11 NDPA フレーム + FCS + tail/データビット }] × シンボル長 = 16 + (1 + ラウンドアップ [{(16 + 19 × 8 + 4 × 8 + 6)/データビット }, 0]) × 4
NDP〔μs〕	PLCP プリアンブル+{PLCP ヘッダ（シグナル）+ ラウンドアップ [{PLCP（サービス）+802.11 MAC ヘッダ + LLC ヘッダ + IP パケット + FCS + tail/データビット }] × シンボル長 = 16 + [1 + ラウンドアップ {(16 + 30 × 8 + 8 × 8 + 4 × 8 + 6)/データビット }] × 4
BR_size〔bit〕	BR_size = 40 + VHT_CBR_size + MU_EBR_size〔bit〕 VHT_CBR_size = $8 × N_c + N_s N_a (b_\psi + b_\phi)/2$〔bit〕 　2 × 2 MIMO 　　= 8 × 2 + 52 × 2 (2 + 4)/2 = 328〔bit〕 　4 × 4 MIMO 　　= 8 × 4 + 52 × 12 (2 + 4)/2 = 1 904〔bit〕 MU_EBR_size = 0〔bit〕（SU-MIMO のため）
BR〔μs〕	PLCP プリアンブル+{PLCP ヘッダ（シグナル）+ ラウンドアップ [{PLCP ヘッダ（サービス）+802.11 BR フレーム + FCS + tail/データビット }] × シンボル長 　2 × 2 MIMO 　　= 16 + (1 + ラウンドアップ [{(16 + 368 + 4 × 8 + 6)/データビット }, 0]) × 4 　4 × 4 MIMO 　　= 16 + (1 + ラウンドアップ [{(16 + 1904 + 4 × 8 + 6)/データビット }, 0]) × 4
CSI フィードバック	NDPA + SIFS + NDP + SIFS + BR + SIFS NDPA：24〜36 μs,　NDP：24〜48 μs,　BR：24〜100 μs

ズがストリーム数によって変化するためである。今回の評価では 1 対 1 の通信で評価しているため，AP に対して接続 STA 数が増加した場合には，NDPA のサイズが大きくなり，CSI フィードバックおよびブロック ACK のやりとりも STA 数に比例して増加するため，伝送効率は急激に減少する。

4.7　IEEE 802.11 および 802.11n フレームフォーマット

IEEE 802.11 無線 LAN では，MAC 層において無線局間でやりとりされる無線パケットのフレームフォーマットを定義している。このフレームフォーマットは，各 PHY 層で共通である。図 **4.19** に MAC フレームの基本フォーマットを示す。Frame Control フィールドには図 **4.20** の各種制御情報が含まれている。

① Protocol Version：802.11 の MAC プロトコルのバージョンを示し，00 が入る。

② Type と Subtype：フレームタイプを示す。詳細は**表 4.5** に示す。802.11ac からの Type と Subtype には従来はリザーブとされていた，0000-1111 が更新され，CIS フィードバック用の BF や NDPA などがフレームとして追加されている。

③ To DS と From DS：宛先と送信元の組合せを 1，0 で表す。To DS が 1 のとき受信局が AP，0 のとき受信局が STA となり，From DS が 1 のとき送信局が AP，0 のとき送信局が STA となる。表 4.5 の Address1-4 は，**表 4.6** に示すように用途が変更される。

④ More Fragments：上位レイヤのパケットを複数のフレームに分割（フラグメント）して送信する特別な場合に利用される。1 のとき，このフレームに後続するフラグメントフレームあり，0 のときなしとなる。フラグメント機能を用いない場合は，後続するフラグメントフレームなしとなるので，0 が入る。

⑤ Retry：1 のとき再送されたフレームであることを示し，0 のとき再送されたフレームではないことを示す。

⑥ Power Management：送信局のパワーセーブ状態を示す。1 のときパワーセーブモードであることを示し，0 のときパワーセーブモードでないことを示す。

⑦ More Data：パワーセーブモードの無線局宛のフレームで用いられる場合は，本フレームに続く当該パワーセーブモード局宛フレームの有無を示す。

⑧ Protected Frame：1 のとき Frame Body を暗号化していることを示す。0 のとき暗号化していないことを示す。

⑨ Order：1 のときこのフレームで送信されるデータが Strictly-Ordered サービスクラスであることを示す。0 のとき Strictly-Ordered サービスクラスではないことを示す（Strictly-Ordered サービスクラスとは，パケットを中継する際に中継順序を入れ替えてはならないサービスクラスのこと）。

・BSSID：AP の MAC アドレス

・DA：destination address（final recipient）

・SA：source address

Octets : 2	2	6	6	6	2	6	2	4	Variable	4
Frame Control	Duration /ID	Address1	Address2	Address3	Sequence Control	Address4	QoS Control	HT Control	Frame Body	FCS

←―――――― MAC ヘッダ ――――――→

図 4.19　MAC フレームフォーマット

Bits : 2	2	4	1	1	1	1	1	1	1	1
Protocol Version	Type	Subtype	To DS	From DS	More Fragments	Retry	Power Management	More Data	Protected Frame	Order

図 4.20　Frame Control フィールドのフレームフォーマット

表 4.5　Type と Subtype のフレームタイプ

Subtype	Type		
	Management type frames	Control type frames	Data type frames
0000	Association request	Reserved	Data
0001	Association response	Reserved	Data + CF-ACK
0010	Re-association request	Reserved	Data + CF-Poll
0011	Re-association response	Reserved	Data + CF-ACK + CF-Poll
0100	Probe request	BF report poll	Null
0101	Probe response	VHT NDPA	CF-ACK
0110	Timing advertisement	Reserved	CF-Poll
0111	Reserved	Control wrapper	CF-ACK + CF-Poll
1000	Beacon	BA request	QoS Data
1001	ATIM	BA	QoS Data + CF-ACK
1010	Disassociation	PS-Poll	QoS Data + CF-Poll
1011	Authentication	RTS	QoS Data + CF-ACK + CF-Poll
1100	De-authentication	CTS	QoS Null
1101	Action	ACK	Reserved
1110	Action No ACK	CF-End	QoS CF-Poll
1111	Reserved	CF-End + CF-ACK	QoS CF-ACK + CF-Poll

表 4.6　アドレスフィールドの内訳

To Ds	From DS	Address 1	Address 2	Address 3	Address 4
0	0	RA = DA	TA = SA	BSSID	N/A
0	1	RA = DA	TA = BSSID	SA	N/A
1	0	RA = BSSID	TA = SA	DA	N/A
1	1	RA	TA	DA	SA

・BSSID：AP の MAC アドレス
・DA：destination address（final recipient）
・SA：source address
・RA：receiving address
・TA：transmitting address

・RA：receiving address

・TA：transmitting address

図 4.19 の MAC フレームフォーマットでは，Duration/ID フィールドは仮想的キャリアセンスの NAV（network allocation vector）設定やパワーセーブ制御の STA 識別子に利用される。Sequence Control フィールドはフレームのシーケンス番号と，フラグメントのためのフラグメント番号を示す。再送時，シーケンス番号とフラグメント番号は変化しない。Frame Body フィールドにはデータが格納される。従来は 0 - 7951 と規定されていたが，802.11ac では Variable とされている。FCS フィールドは MAC ヘッダと Frame Body の誤り検出符号が入る。

アドレスフィールドは最大四つ用意されており，フレームタイプによりフィールドの数が変化する。このアドレスは Frame Control フィールド内の To DS, From DS ビットととも

表 4.7 QoS Control フィールドの内訳

Bits 0-3	Bit 4	Bits 5-6	Bit 7	Bit 8	Bit 9	Bit 10	Bit 11-15	Usage
TID	EOSP	ACK policy	Reserved	TXOP Limit				QoS CF-Poll and QoS CF-ACK + CF-Poll frames
TID	EOSP	ACK policy	A-MSDU Present	TXOP Limit				QoS Data + CF-Poll and QoS Data + CF-ACK + CF-Poll frames
TID	EOSP	ACK policy	A-MSDU Present	AP PS Buffer state				QoS Data and QoS Data + CF-ACK frames
TID	EOSP	ACK policy	Reserved	AP PS Buffer state				QoS Null frames
TID	0	ACK policy	A-MSDU Present	TXOP Duration Request				QoS Data and QoS Data + CF-ACK frames sent by non-AP that are not a TPU buffer STA or a TPU sleep STA in a non-mesh BSS
TID	1	ACK policy	A-MSDU Present	Queue size				
TID	0	ACK policy	Reserved	TXOP Duration Request				QoS Null frames sent by non-AP that are not a TPU buffer STA or a TPU sleep STA in a non-mesh BSS
TID	1	ACK policy	Reserved	Queue size				QoS Data and QoS Data + CF-ACK frames sent by TPU buffer STAs in a non-mesh BSS
TID	EOSP	ACK policy	A-MSDU Present	Reserved				QoS Null frames sent by TPU buffer STAs in a non-mesh BSS
TID	EOSP	ACK policy	Reserved	Reserved				QoS Data and QoS Data + CF-ACK frames sent by TPU buffer STAs in a non-mesh BSS
TID	Reserved	ACK policy	A-MSDU Present	Reserved				QoS Data and QoS Data + CF-Ack frames sent by TPU sleep STAs in a non-mesh BSS
TID	Reserved	ACK policy	Reserved	Reserved				QoS Null frames sent by TPU sleep STAs in a non-mesh BSS
TID	Reserved	ACK policy	A-MSDU Present	Mesh Control	Mesh PS	RSPI	Reserved	All frames sent by mesh STAs in a mesh BSS

TID：traffic identifier, EOSP：end of service period

に，表 4.6 に示すように用途が変更される。また， QoS Control フィールドの内訳は**表 4.7**に示す。ここでは，A-MSDU の適用に関するフィールドが追加されている。図 4.19 の MACフレームフォーマットに含まれる，**図 4.21** に示す HT Control フィールドは，802.11ac と802.11n を区別する VHT フィールドが用意されており，0 の場合は 802.11n の HT（highthroghput）であり，1 の場合は 802.11ac の VHT（very HT）を表す。このフィールドに従って，HT Control Middle が変更される。HT Control Middle は，**図 4.22** に HT 用のフォーマット，**図 4.23** に VHT 用のフォーマットを示す。

Bits：1	29	1	1
VHT	HT Control Middle	AC Const-raint	RDG/ More PPDU

0：HT variant
1：VHT variant

図 **4.21** HT Control フィールド

Bits：16	2	2	2	2	1	5	1	1
Link Adaptation Control	Calibration Position	Calibration Sequence	Reserved	CSI /Steering	NDPA	Reserved	AC Constraint	RDG/ More PPDU

AC Constraint	
Value	Usage
0	Response to an RDG may contain data frames from any TID
1	Response to an RDG may contain data frames from only from the same AC

RDG/More PPDU		
Value	Role of transmitting STA	Usage
0	RD initiator	No reverse grant
	RD responder	Last transmission by the responder
1	RD initiator	RDG is present
	RD responder	Followed by another PPDU

図 **4.22** HT Control Middle（HT variant）フィールド

Bits：1	1	3	15	3	1	1	1
Reserved	MRQ	MSI/STBC	MFB	GID-Ⅱ	Coding Type	FB Tx Type	Unsolicited MFB

MRQ	
Value	Usage
0	No request VHT-MCS feedback (solicited MFB)
1	Request VHT-MCS feedback (solicited MFB)

MSI/STBC			
Unsolicited MFB	MRQ	MFB	Usage
0	1		Sequence number that identifies the specific of MCS feedback (value range：0-6)
0	0		Reserved
1		Dose not have "No FB is present"	Compressed MSI and STBC indicated

MSI/STBC

Bits：2	1
Compressed MSI	STBC Indication

MFB

Bits：3	4	2	6
NUM_STS	VHT-MCS	BW	SNR

· NUM-STS：Recommended NUM-STS (num.of space-time streams-1)
· VHT-MCS：Recommended VHT-MCS index value (range：0-9)
· BW：Bandwidth of the recommend VHT-MCS (only when Unsolicited MFB = 1)
  ➢ 0：20 MHz
  ➢ 1：40 MHz
  ➢ 2：80 MHz
  ➢ 3：160 MHz, 80 + 80 MHz
· SNR：Average SNR

図 **4.23** HT Control Middle（VHT variant）フィールド

802.11ac と 802.11n で用いられる A-MSDU と A-MPDU のフレームフォーマットは図 **4.24** と図 **4.25** に示す。A-MSDU の MSDU のフィールドは図 4.19 の Frame Body のフィールドに合わせて Variable とされている。

A-MSDU Structure

A-MSDU Subframe1	A-MSDU Subframe2	···	A-MSDU Subframe n

A-MSDU Subframe Structure

Octets：6	6	2	0 − 2304	0 − 3
DA	SA	Length	MSDU	Padding

⟵—— A-MSDU Subframe header ——⟶

図 **4.24** A-MSDU フレームフォーマット

Octets：Variable	Variable	⋯	Variable	0-3
A-MPDU Subframe 1	A-MPDU Subframe 2	⋯	A-MPDU Subframe n	EOF Pad

A-MPDU Subframe Structure

Octets：4	Variable	0-3
MPDU Delimiter	MPDU	Pad

MPDU Delimiter（non-DMG）

Bits：1	1	14	8	8
EOF	Reserved	MPDU Length	CRC	Delimiter Signature

MPDU Delimiter（DMG）

Bits：3	13	8	8
Reserved	MPDU Length	CRC	Delimiter Signature

図 4.25　A-MPDU フレームフォーマット

【IEEE 802.11ac フレームフォーマット】

図 4.13 の 802.11ac のアクセス制御手順において，CSI チャネル推定の最初のアナウンスに用いられる NDPA フレームフォーマット，NDP フレームフォーマットを図 4.26，図 4.27 に示す。CSI フィードバックで用いられる BR フレームフォーマット，BRP フレームフォーマットは図 4.28，図 4.29 に示す。またブロック ACK で用いられる BAR フレームフォーマット，BA フレームフォーマットは，図 4.30，図 4.31 に示す。

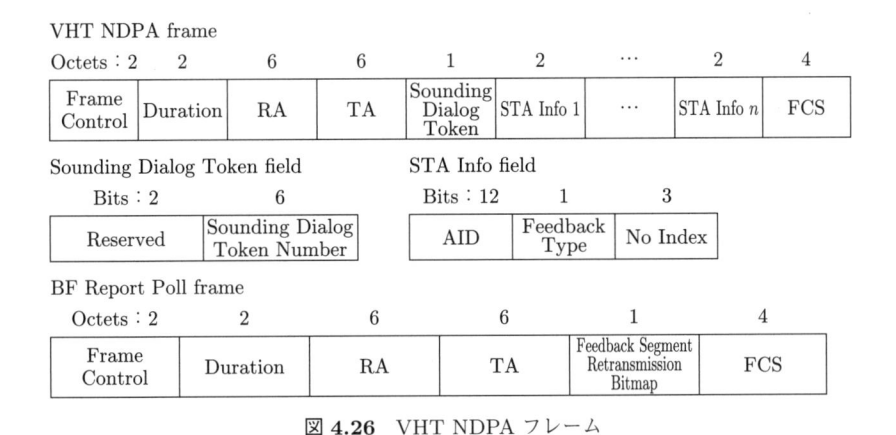

VHT NDPA frame

Octets：2	2	6	6	1	2	⋯	2	4
Frame Control	Duration	RA	TA	Sounding Dialog Token	STA Info 1	⋯	STA Info n	FCS

Sounding Dialog Token field

Bits：2	6
Reserved	Sounding Dialog Token Number

STA Info field

Bits：12	1	3
AID	Feedback Type	No Index

BF Report Poll frame

Octets：2	2	6	6	1	4
Frame Control	Duration	RA	TA	Feedback Segment Retransmission Bitmap	FCS

図 4.26　VHT NDPA フレーム

Octets：2	2	6	6	6	2	6	2	4	4
Frame Control	Duration /ID	Address 1	Address 2	Address 3	Sequence Control	Address 4	QoS Control	HT Control	FCS

←MAC Header　　　　　　　　　　　　　　　　　　　　　　→

図 4.27　VHT NDP フレーム

Octets：2	2	6	6	6	2	4	Variable				4
Frame Control	Duration	Address 1	Address 2	Address 3	Sequence Control	HT Control	Commpressed Beamforming Report 1	Commpressed Beamforming Report 2	⋯	Commpressed Beamforming Report n	FCS

←MAC Header →

図 **4.28** VHT BR フレーム

Octets：2	2	6	6	1	4
Frame Control	Duration	RA	TA	Feedback Segment Retransmission	FCS

←MAC Header →

図 **4.29** VHT BRP フレーム

Octets：2	2	6	6	2	Variable	4
Frame Control	Duration/ID	RA	TA	BAR Control	BAR Information	FCS

←MAC Header →

図 **4.30** VHT BAR フレーム

Octets：2	2	6	6	2	Variable	4
Frame Control	Duration/ID	RA	TA	BA Control	BA Information	FCS

←MAC Header →

図 **4.31** VHT BA フレーム

5 シングルユーザ，マルチユーザおよび Massive MIMO の基礎

5.1 MIMO 伝送のコンセプトと実現手法

　最初に，MIMO 伝送のコンセプトについて解説する。1 章でも述べたように，MIMO 技術は，Wi-Fi や LTE で導入されている技術であり，一番のポイントは，「伝送速度を送受信アンテナを増やした分だけ倍増できる」ことである。最近では Wi-Fi におけるアクセスポイントで 3 本程度のアンテナを見つけることができると思う。これは，空間分割多重と呼ばれる技術を実現することで，今まで 1 個のデータしか送れなかったものが，同一時間，同一周波数で 3 個のデータを送ることができるようになったためである。

　MIMO 伝送の概念図を**図 5.1** に示す。MIMO 伝送とは，複数のアンテナを送信・受信側に有し，送受の信号処理技術により無線区間の伝送速度を高める技術である。複数のアンテナを配置する点では，古くからアレーアンテナと呼ばれるアンテナ構成法が存在し，特定の方向にアンテナ利得を最大化することが可能である。また，アレーアンテナにおける各アンテナの振幅と位相を制御する手法としては，アダプティブアレーと呼ばれる技術が存在する。しかし，アダプティブアレーでは，送信・受信のいずれかのみで振幅と位相を制御する信号

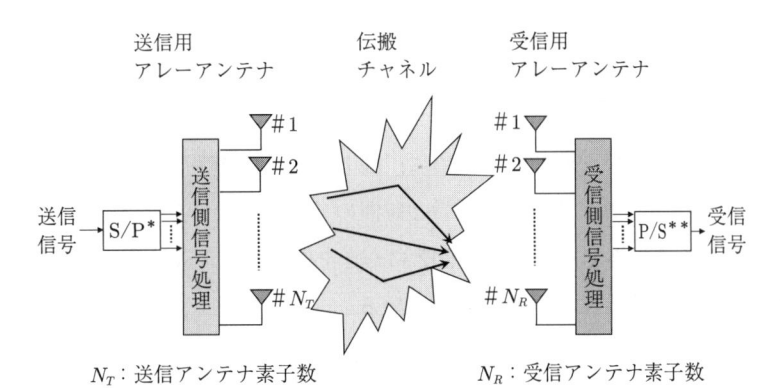

N_T：送信アンテナ素子数　　　　　　N_R：受信アンテナ素子数
*　S/P：シリアル－パラレル変換
**　P/S：パラレル－シリアル変換

図 5.1　MIMO 伝送の概念図

処理が実装されるのに対し，図に示すように MIMO 伝送では，送信側および受信側で信号処理が行われる。

　図 **5.2** に，アダプティブアレーと MIMO の違いについて述べる。図では，端末（STA）より基地局（AP）に信号を送信する，いわゆる上り回線を仮定している。MIMO とアダプティブアレーの大きな違いは，アダプティブアレーが別ユーザからの干渉信号を除去することを目的として用いられているのに対し，MIMO では，自分自身が送信すべき複数の信号（図の s_1，s_2）を多重して伝送することである[15),33)]。このため，アダプティブアレーでは，一般に所望信号に関する何らかの基礎情報（到来方向や制御信号など）が必要であり，伝搬チャネル情報を必要としない（そもそも，干渉信号の伝搬チャネル情報は取得できない）。一方，MIMO では送受信アンテナ間の伝搬チャネル情報を必要とし，かつこの情報を利用する。したがって，MIMO では伝搬チャネルの情報の取得がとても重要である。ただし，アダプティブアレーと MIMO 伝送を実際の信号処理で実現するためには類似点が多く，信号処理方法も共通している部分が多い。この詳細については，本書の範囲を超えるので，アダプティブアレーについては文献[41),42)]を，MIMO とアダプティブアレーで求められる要求条件の違いについては，文献[25)]を参照されたい。

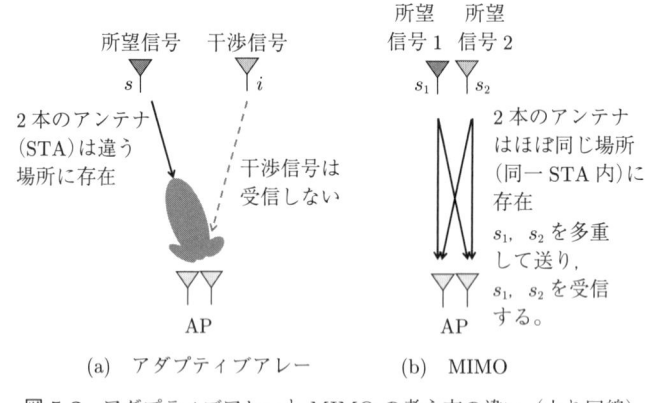

図 5.2 アダプティブアレーと MIMO の考え方の違い（上り回線）

　視覚的に MIMO の効果を理解するために，**図 5.3** に MIMO 伝送を用いることの利点を示す。図には，ハードウェア構成，周波数と時間のリソース配分をそれぞれ示している。また，無線 LAN の標準規格である IEEE 802.11a/n を例にとり，SISO から MIMO においてどのように伝送速度が向上するかを説明している。

　図（a）は SISO（single input single output）伝送を用いた場合の例を図示している。SISO は通常の送信アンテナ 1，受信アンテナ 1 とする伝送である。図中で Tx, Rx はそれぞれ送信機，受信機を表す。SISO では周波数リソース f_1 と時間リソース t_1 を使用し，データ s_1 を伝

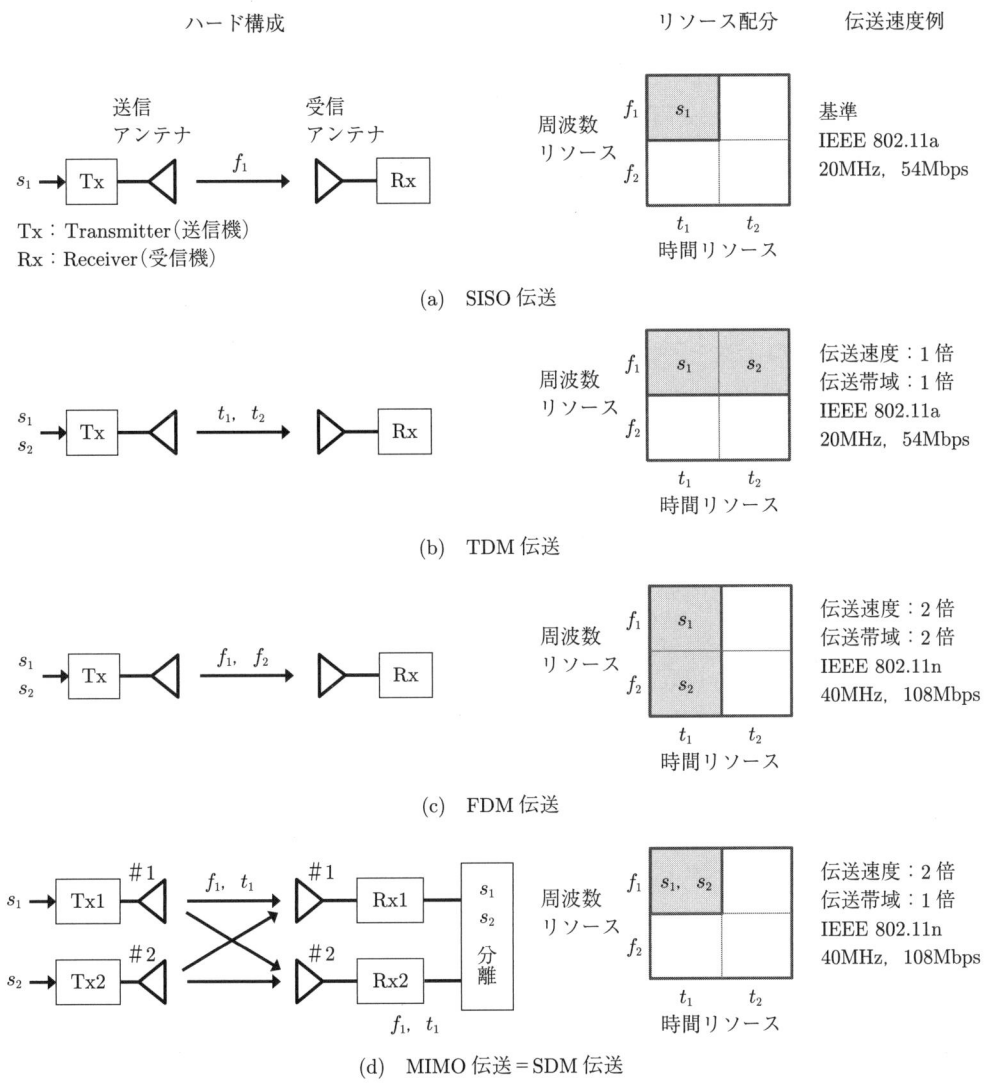

図 **5.3** MIMO 伝送を用いることの利点

送する。IEEE 802.11a 規格における無線 LAN では，20 MHz の帯域を用いて最大 54 Mbps の伝送（PHY 層）が可能である。

つぎに，時間リソースと周波数リソースを活用してデータを伝送することを考える。図 (b)，(c) はそれぞれ TDM（time division multiplexing），FDM（frequency division multiplexing）を用いた場合の例を図示している。まず，TDM 伝送の場合は，周波数リソースは f_1 のみとし，時間リソース t_1（t_2）を用いて s_1（s_2）を伝送する。データは 2 個送ることができるが，時間リソースを SISO に比べ 2 倍使用しているため，PHY 層における伝送速度は SISO と同じである。しかしながら，詳細は 6 章で述べるが，MAC 層まで考えると話

は異なる。データを連続して送信できると，データサイズが等価的にデータのサイズに比べて相対的に大きくなり，スループットは向上する。

FDM を使用した場合は，周波数リソースは f_1 だけでなく，f_2 信号帯域が 2 倍となるので，伝送速度は SISO 伝送に比べて 2 倍となる。伝送帯域を 2 倍用いるモード（40 MHz モード）が IEEE 802.11n では標準化されており，40 MHz 帯域を用いれば $54 \times 2 = 108$ Mbps の伝送速度が得られる。また，同一周波数帯だけでなく，例えば 2.4 GHz と 5.2 GHz を同時に 20 MHz ずつ使用すれば，やはり伝送速度は SISO 伝送に比べて 2 倍にできる。

図 (d) は MIMO 伝送を用いた場合の例を図示している。MIMO の最も重要なコンセプトは，「同一時間・周波数で伝送速度を N 倍にすること」である。ここで N とは，送信と受信のアンテナ本数であり，このコンセプトを実現するために，図 (d) では送信と受信アンテナがそれぞれ 2 となっている。図に示すように，周波数リソース f_1 と時間リソース t_1 のみで，すなわち伝送帯域を増加させずに，伝送速度を 2 倍にできる。

しかしながら，図 (d) に示すように，同一時間・周波数で s_1, s_2 を同時に伝送しているため，受信アンテナには s_1, s_2 が混ざって到来することになる。すなわち，s_1, s_2 はたがいに干渉信号となる。したがって，これらの信号の分離をいかに実現するかが MIMO ではキー技術となる。この信号分離で実現される多重化を SDM（space division multiplexing）と呼ぶ。図 (d) では受信側で信号分離を実現しているが，送信側と受信側の両方で信号を分離することは可能である。

図 (d) における s_1, s_2 の信号分離の方法を**図 5.4** に示す。図 5.3 (d) における送信アンテナ j，受信アンテナ i における応答値を h_{ij} とする。h_{ij} は伝搬チャネル応答と呼ばれる。簡単化のために，受信機における熱雑音は無視し，送信電力，送信と受信のアンテナ利得をそれぞれ 1 と仮定する。Rx1，Rx2 における受信信号をそれぞれ y_1, y_2 とすると

$$y_1 = h_{11}s_1 + h_{12}s_2 \tag{5.1}$$

$$y_2 = h_{21}s_1 + h_{22}s_2 \tag{5.2}$$

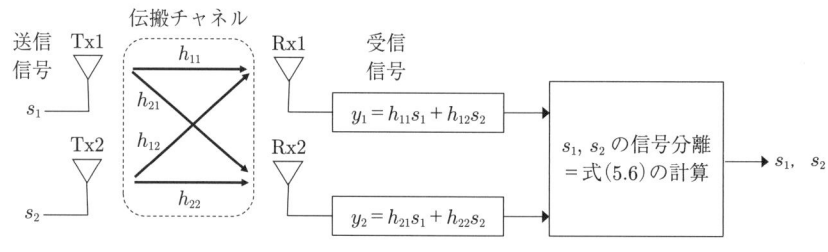

図 5.4 MIMO 伝送による信号分離の原理

で与えることができる。ここで，MIMO 伝送では，伝搬チャネル応答である h_{11}，h_{12}，h_{21}，h_{22} はあらかじめ求めることができる。そうすると，式 (5.1)，(5.2) は s_1，s_2 を未知数とする連立方程式である。これを解くと

$$s_1 = \frac{h_{22}}{h_{11}h_{22} - h_{12}h_{21}} \cdot y_1 - \frac{h_{12}}{h_{11}h_{22} - h_{12}h_{21}} \cdot y_2 \tag{5.3}$$

$$s_2 = -\frac{h_{21}}{h_{11}h_{22} - h_{12}h_{21}} \cdot y_1 + \frac{h_{11}}{h_{11}h_{22} - h_{12}h_{21}} \cdot y_2 \tag{5.4}$$

となる。連立方程式は逆行列を用いた計算を行うことと等価である。式 (5.1)，(5.2) を行列とベクトルで表現すると

$$\begin{bmatrix} y_1 \\ y_2 \end{bmatrix} = \begin{bmatrix} h_{11} & h_{12} \\ h_{21} & h_{22} \end{bmatrix} \cdot \begin{bmatrix} s_1 \\ s_2 \end{bmatrix} \tag{5.5}$$

となる。したがって s_1，s_2 は

$$\begin{bmatrix} s_1 \\ s_2 \end{bmatrix} = \begin{bmatrix} h_{11} & h_{12} \\ h_{21} & h_{22} \end{bmatrix}^{-1} \cdot \begin{bmatrix} y_1 \\ y_2 \end{bmatrix} \tag{5.6}$$

から求めることができる。この手法は，ZF（zero forcing）と呼ばれ，MIMO 伝送の中で最も基本的な信号分離方法として知られている。しかしながら，h_{ij} を要素とする行列の逆行列の状態により ZF の性能は大きく影響を受けることが知られている。

5.2　MIMO 伝送のチャネル容量

　前節では，MIMO 伝送を用いることの利点と MIMO 伝送でキーとなる信号分離方法の基本原理について説明した。本節では，SISO から MIMO までのチャネル容量を取り上げ，これらのチャネル容量特性を比較する。送受信に複数のアンテナを有する MIMO 構成により，チャネル容量が他の構成に比べ著しく増大することを明らかにする。チャネル容量の話に入る前に，基本的な数式の定義を行う。MIMO を議論する上では SNR（signal to noise power ratio）と伝搬チャネル行列の議論は避けて通れない。ここでは，SISO と MIMO 構成を用いて，SNR と伝搬チャネル行列に関する説明を行う。

　図 **5.5** に，最も基本的な通信の構成である送受信アンテナがそれぞれ 1 である，SISO のシステムモデルを示す。図に示すように，送信電力を P，時刻 t における送信信号（複素数）および受信機で発生する熱雑音（複素数）をそれぞれ $s(t)$，$n(t)$ とすると受信信号 $y(t)$（複素数）は

$$y(t) = \sqrt{P}hs(t) + n(t) \tag{5.7}$$

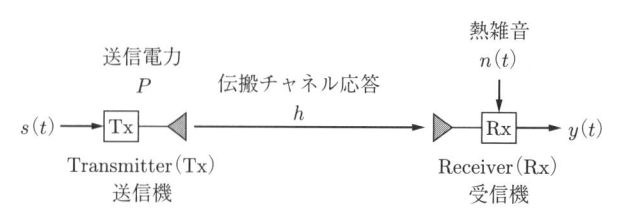

図 5.5　SISO のシステムモデル

と表現できる。ここで，h は送受信の伝搬チャネルの応答（複素数）であり，本書のメインテーマである SU-MIMO や MU-MIMO にとって非常に重要となる。また h は，$s(t)$，$n(t)$，$y(t)$ の変化に対して十分変化が遅いものとする。さらに，$E[s(t)^2] = 1$，$E[n(t)^2] = \sigma^2$（$E[\cdot]$ はアンサンブル平均）とすると，SNR は

$$SNR = \frac{P|h|^2}{\sigma^2} \tag{5.8}$$

で表現できる。

　つぎに，伝搬チャネル応答 h が実際どのように表現できるかについて説明する。図 5.6 に示すように，移動通信環境では，複数の信号（マルチパス）がさまざまな方向から受信側に到来する。図 5.7 に STA が移動する場合の電波の到来するイメージ図を示している。これは，到来する信号の振幅と位相を用いて，複素平面上に表現することができる。ある受信点において，L 波の信号（これらをそれぞれ素波と呼ぶ）が到来し，到来する信号の振幅と位相を r_i，θ_i（$i = 1 \sim L$）とする。ここで，最初に受信側に到来する信号に対して，他の信号の遅延時間がシンボル長に対して十分に小さいと仮定する。STA の移動を考慮しない場合の伝搬チャネル応答を h とすると

図 5.6　移動通信におけるマルチパス環境

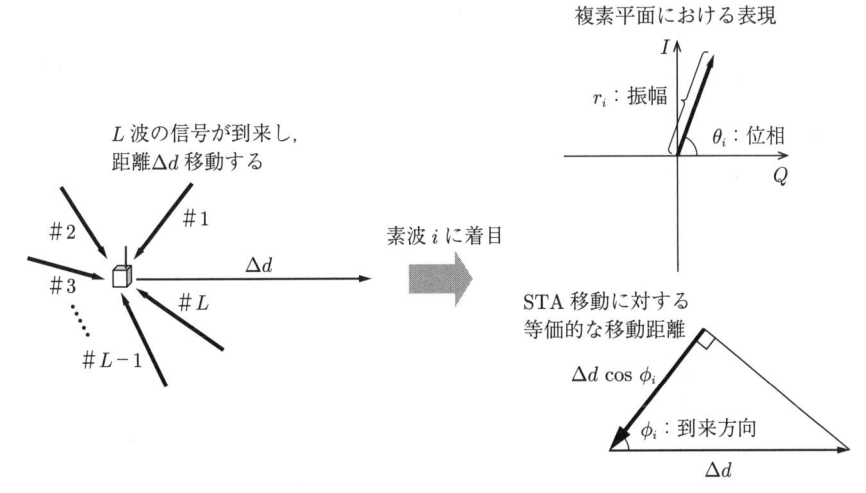

図 **5.7**　マルチパス環境と複素平面上での信号表記

$$h = \frac{1}{\sqrt{L}} \sum_{i=1}^{L} r_i \exp(j\theta_i) \tag{5.9}$$

となる。ここで，式 (5.7) を考える場合，本来は送受信間の距離に対応する伝搬損失の影響を考慮するべきであるが，簡単化のためにこの値を 1 としている。なお，移動通信環境における伝搬路は一般的にレイリーフェージングをすることが知られている。

図 5.8 に MIMO チャネルを表現するためのシステムモデルを示す。図に示すように，送信アンテナより N_T 個の信号を送信するモデルを考える。受信アンテナ数を N_R とすると，送信信号ベクトル $\boldsymbol{s}(t)$ と受信信号ベクトル $\boldsymbol{y}(t)$，熱雑音ベクトル $\boldsymbol{n}(t)$ をそれぞれ

$$\boldsymbol{s}(t) = [s_1(t), s_2(t), \cdots, s_{N_T}(t)]^T \tag{5.10}$$

$$\boldsymbol{y}(t) = [y_1(t), y_2(t), \cdots, y_{N_R}(t)]^T \tag{5.11}$$

$$\boldsymbol{n}(t) = [n_1(t), n_2(t), \cdots, n_{N_R}(t)]^T \tag{5.12}$$

で表すことができる。ここで，SDM を行う空間多重数を送信データ数と呼び，特に断りのない限り，送信データ数は，送信アンテナ数 N_T と同数とする。

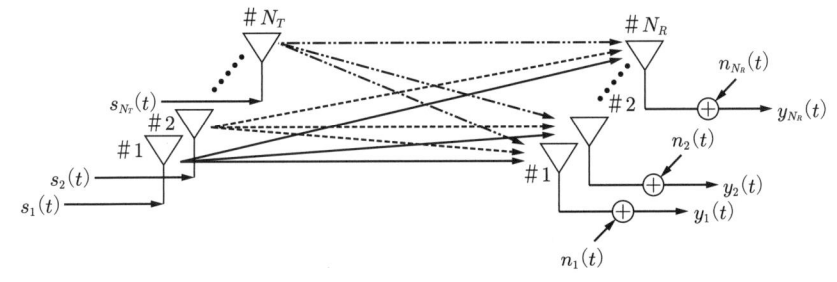

図 **5.8**　MIMO のシステムモデル

以上の式を用いると，伝搬チャネル行列 $\boldsymbol{H}$ を用いて以下の式で表すことができる。

$$\boldsymbol{y}(t) = \boldsymbol{H}\boldsymbol{P}\boldsymbol{s}(t) + \boldsymbol{n}(t) \tag{5.13}$$

$$\begin{bmatrix} y_1(t) \\ y_2(t) \\ \vdots \\ y_{N_R}(t) \end{bmatrix} = \begin{bmatrix} h_{11} & h_{12} & \cdots & h_{1N_T} \\ h_{21} & h_{22} & & h_{2N_T} \\ \vdots & \vdots & \ddots & \vdots \\ h_{N_R 1} & h_{N_R 2} & \cdots & h_{N_R N_T} \end{bmatrix} \begin{bmatrix} \sqrt{P}s_1(t) \\ \sqrt{P}s_2(t) \\ \vdots \\ \sqrt{P}s_{N_T}(t) \end{bmatrix} + \begin{bmatrix} n_1(t) \\ n_2(t) \\ \vdots \\ n_{N_R}(t) \end{bmatrix} \tag{5.14}$$

ここで，$\boldsymbol{P}$ は $\sqrt{P}$ を対角成分の要素とする単位行列である。送信電力 P は各送信アンテナで同一としている。

図 **5.9** に SISO，SIMO，MISO，MIMO の構成図を比較する。図に示すように，SISO では送信，受信アンテナとも 1 素子であるが，SIMO，MISO 構成となると，受信，送信アンテナ数がそれぞれ複数となる。MIMO 構成では前節に示したように，送受信ともアンテナ素子が複数となる。以降，SISO，SIMO，MISO，MIMO の順にチャネル容量特性を示す。ここで，以降の図中で SNR とは 1 素子当りの SNR を表し，送信アンテナが複数の場合，送信電力は各アンテナで同一とし，かつ総送信電力は一定となるようにしている。また，チャネル容量はレイリーフェージングを想定した場合の平均チャネル容量を表している。

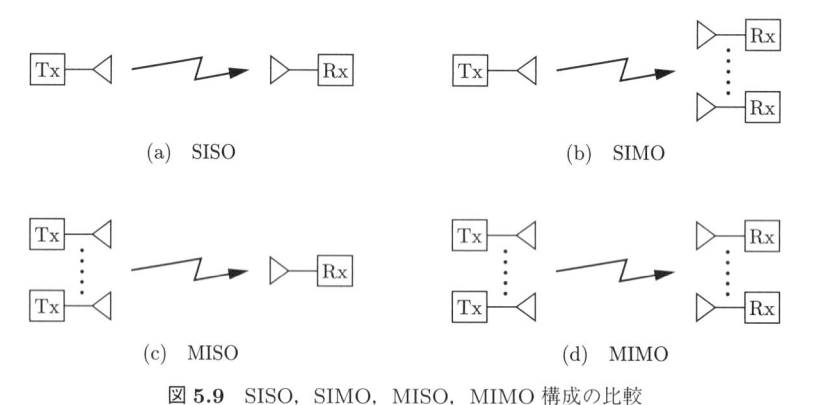

(a) SISO   (b) SIMO

(c) MISO   (d) MIMO

図 **5.9** SISO，SIMO，MISO，MIMO 構成の比較

最初に，SISO におけるチャネル容量特性を示す。SISO チャネル容量を C_{SISO} とすると，C_{SISO} は以下の式で与えることができる。

$$C_{\text{SISO}} = \log_2(1 + \gamma) \tag{5.15}$$

$$= \log_2\left(1 + \frac{P|h|^2}{\sigma^2}\right) \ \text{[bps/Hz]} \tag{5.16}$$

ここで，γ は受信 SNR である。$P,$ σ^2 はそれぞれ送信電力，雑音電力である。なお，チャネル容量の単位は，bps/Hz となる。これは，単位周波数当りのビットレートに相当する。

図 **5.10** に SISO による SNR とチャネル容量の関係を示す。図中の平均値とはチャネル容量を平均化した結果であることを意味している。具体的には，10 000 回異なる伝搬チャネルを生成しチャネル容量を求め，それらの平均値を算出している。以下の計算でも同じ手法でチャネル容量を求めている。ここで，γ が 1 に対して十分大きいとすると，式 (5.16) は $\log_2(\gamma)$ と近似できる。図に示すように，SISO による通信では電力を 2 倍しても，1 bps/Hz しかチャネル容量を大きくすることができない。すなわち，送信電力を増加させても劇的な伝送速度の向上にはつながらないことがわかる。

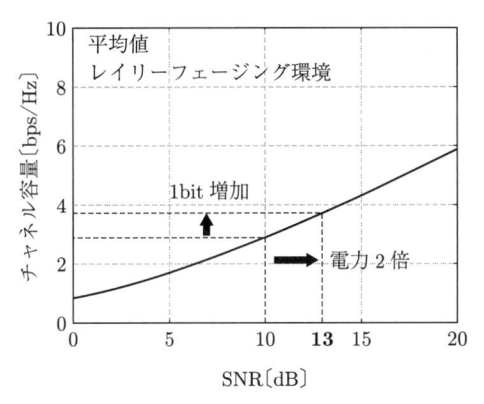

図 5.10 SISO によるチャネル容量特性

つぎに，SIMO におけるチャネル容量特性を示す。SIMO チャネル容量を C_{SIMO} とすると，C_{SIMO} は以下の式で与えることができる。

$$C_{\text{SIMO}} = \log_2 \left(1 + \sum_{i=1}^{N_R} \gamma_i \right) \tag{5.17}$$

$$= \log_2 \left(1 + \frac{P}{\sigma^2} \sum_{i=1}^{N_R} |h_{i1}|^2 \right) \tag{5.18}$$

ここで，γ_i は i 番目の受信アンテナにおける受信 SNR である。また，h_{i1} は i 番目の受信アンテナにおける伝搬チャネル応答となる。なお，SIMO では送信アンテナ数が 1 となるため，送信アンテナの下付き添字を 1 としている。

ここで，式 (5.16) と式 (5.18) を見比べてほしい。式 (5.16) は SISO であるため，伝搬チャネル応答の電力が 1 個のみである。しかし，式 (5.18) では，受信アンテナが複数存在するため，伝搬チャネル応答の電力が複数個の和で表される。図 **5.11** に，式 (5.16) と式 (5.18) の解釈のイメージを示す。ここでは，簡単のため，受信アンテナの数 N_R は 2 としている。図に示

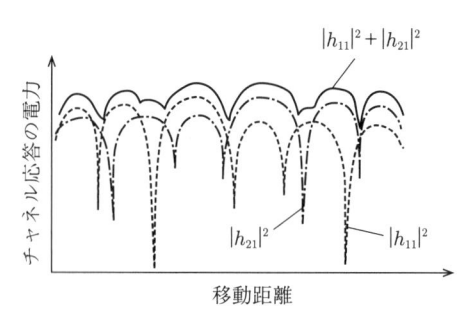

図 **5.11** 式 (5.16) と式 (5.18) の解釈の
イメージ

すように式 (5.16) から得られるチャネル応答電力（$|h_{11}|^2$）は，フェージングの影響により大きく落ち込む場合がある。一方，式 (5.18) から得られるチャネル応答電力（$|h_{11}|^2 + |h_{21}|^2$）は，2 個の伝搬チャネル応答の電力を加算することでその影響を大きく低減できる。この効果を具体的に実現する技術はダイバーシチと呼ばれ，移動通信では必須の技術となっている[5]。

図 **5.12** に SIMO による SNR とチャネル容量の関係を示す。図には，$(N_T, N_R) = (1, 2)$，$(1, 4)$ の場合の特性を示している。比較のため，図 5.10 の SISO によるチャネル容量を図 5.12 中に再掲している。図から明らかなように，$(N_T, N_R) = (1, 2)$ の SIMO 構成とすることで，受信ダイバーシチ効果により SISO よりも高いチャネル容量が得られる。また，アンテナ素子を 2 から 4 に増やすとさらに特性が向上する。

つぎに，MISO におけるチャネル容量特性を示す。MISO チャネル容量を C_{MISO} とすると，C_{MISO} は以下の式で与えることができる。

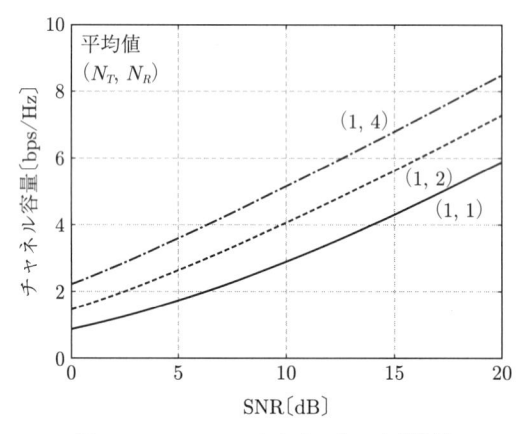

図 **5.12** SIMO によるチャネル容量特性

$$C_{\mathrm{MISO}} = \log_2 \left(1 + \frac{1}{N_T} \sum_{j=1}^{N_T} \gamma_j \right) \tag{5.19}$$

$$= \log_2 \left(1 + \frac{P}{N_T \sigma^2} \sum_{j=1}^{N_T} |h_{1j}|^2 \right) \tag{5.20}$$

ここで，h_{1j} は j 番目の送信アンテナにおける伝搬チャネル応答となる。なお，MISO では受信アンテナ数が 1 となるため，受信アンテナの下付き添字を 1 としている。MISO のチャネル容量は SIMO のそれと式はほぼ同じであるが，ここでは総送信電力が一定という仮定を考えているため，N_T で SNR を割り算している点が SIMO のチャネル容量と異なる。

　図 **5.13** に MISO による SNR とチャネル容量の関係を示す。図には，$(N_T, N_R) = (2,1)$，$(4,1)$ の場合の特性を示している。比較のため，図 5.10 の SISO 伝送によるチャネル容量を図 5.13 中に再掲している。図より，MISO 構成とすると，SISO 構成に対し送信アンテナのアンテナ数を増やしてもチャネル容量は大きく改善しないことがわかる。これは，総送信電力一定という仮定を考えていることに起因する。もし，式 (5.20) において，N_T の項を外せば，SIMO と MISO の特性は同じとなる。この場合は総送信電力一定ではなく，MIMO の場合の送信アンテナごとに接続される電力増幅器が，SISO もしくは SIMO の場合とすべて同じものを使用した場合の特性に相当する。

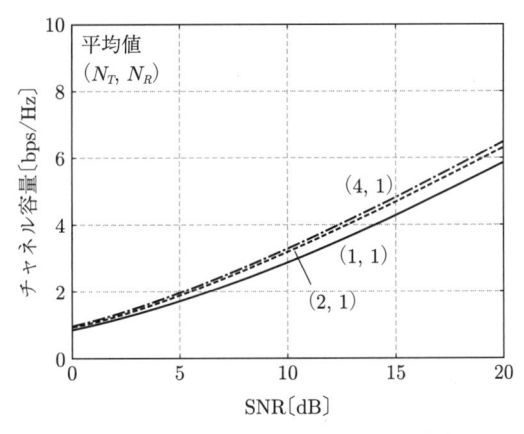

図 5.13　MISO によるチャネル容量特性

　最後に MIMO のチャネル容量について説明する。MIMO チャネル容量を C_{MIMO} とすると，C_{MIMO} は以下の式で与えることができる[13),14)]。

$$C_{\mathrm{MIMO}} = \log_2 \det \left(\boldsymbol{I}_{N_R} + \frac{P}{N_T \sigma^2} \boldsymbol{H} \boldsymbol{H}^H \right) \tag{5.21}$$

$$= \sum_{k}^{J} \log_2 \left(1 + \frac{P}{N_T \sigma^2} \lambda_k \right) \tag{5.22}$$

式 (5.22) において，$\boldsymbol{I}_{N_R}$ は $N_R \times N_R$ の単位行列である。$J = \min(N_T, N_R)$ である。ここで，$\min(a, b)$ は a，b のうちの最小の値を示す。λ_k（$k = 1 \sim J$）はチャネル行列の相関行列 $\boldsymbol{G} = \boldsymbol{H}\boldsymbol{H}^H$ の固有値である。

　図 **5.14**，図 **5.15** に MIMO によるチャネル容量を示す。まず，図 5.14 には，送受信アンテナ数をそれぞれ増加させた場合のチャネル容量を示す。図より，SNR によらず，送受信アンテナ数に比例してチャネル容量が増大していることがわかる。理論上は SNR が高ければ，SISO に対し送受信アンテナ数倍のチャネル容量が得られる。

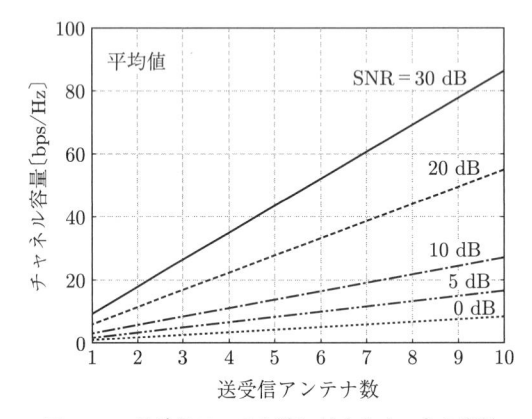

図 5.14 送受信アンテナ数に対するチャネル容量特性（MIMO）

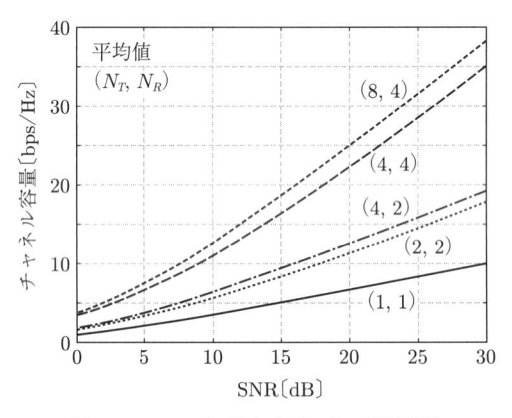

図 5.15 SNR に対するチャネル容量特性（MIMO）

　図 5.15 は，送信と受信アンテナ数を変化させた場合の SNR に対するチャネル容量を示している。図より，送受信のアンテナ数を増加させるとチャネル容量が高くなることが確認できるが，送信側の素子だけを増加させてもチャネル容量は大きく改善しないことがわかる。このように，MIMO では大きなチャネル容量改善を期待するためには，送受信のアンテナ数

を増加させる必要があることがわかる。一方，この考え方を利用して，AP に多くのアンテナが配置でき，STA には多くのアンテナが配置できない場合を考える。このとき，複数のユーザと AP で MIMO チャネルを形成することで，システム全体で高いチャネル容量を得ることができる。これが MU-MIMO の考え方であるが，詳細は 5.4 節で述べる。

式 (5.21)，(5.22) で与えられる MIMO のチャネル容量の式は，その導出は実際はかなり難しい（まだ導出したことのない読者は一度導出することをお勧めする）。一方，与えられた式に対しては，伝搬チャネル行列 $\boldsymbol{H}$ と SNR がわかれば簡単にチャネル容量を計算することができる。しかし，式 (5.21)，(5.22) を見ても，特に式 (5.21) はその式が持つ意味をイメージすることは，じつは難しい。

そこで，本節では，MIMO の最小単位である 2×2 MIMO チャネルを用いて，MIMO のチャネル容量のメカニズムについて解釈を与える。$N_T = N_R = 2$ とした場合のチャネル容量を $C_{2 \times 2}$ とすると，式 (5.22) は以下のように変形することができる。

$$
\begin{aligned}
C_{2 \times 2} &= \log_2 \left(1 + \frac{P}{2\sigma^2} \lambda_1 \right) + \log_2 \left(1 + \frac{P}{2\sigma^2} \lambda_2 \right) \\
&= \log_2 \left(1 + \frac{P}{2\sigma^2} (\lambda_1 + \lambda_2) + \left(\frac{P}{2\sigma^2} \right)^2 \lambda_1 \lambda_2 \right)
\end{aligned}
\tag{5.23}
$$

つぎに，式 (5.21) を 2×2 MIMO の場合について変形する。まず，チャネル行列の相関行列 $\boldsymbol{G}$ を以下のようにおく。

$$
\begin{aligned}
\boldsymbol{G} &= \boldsymbol{H}\boldsymbol{H}^H \\
&= \begin{bmatrix} |h_{11}|^2 + |h_{12}|^2 & h_{11}h_{21}^* + h_{12}h_{22}^* \\ h_{11}^* h_{21} + h_{12}^* h_{22} & |h_{21}|^2 + |h_{22}|^2 \end{bmatrix}
\end{aligned}
\tag{5.24}
$$

$$
= \begin{bmatrix} A & B \\ C & D \end{bmatrix} = \begin{bmatrix} A & B \\ B^* & D \end{bmatrix}
\tag{5.25}
$$

式 (5.25) の $A \sim D$ を式 (5.21) に代入し，式 (5.21) において $\det(\cdot)$ の計算を行うと

$$
C_{2 \times 2} = \log_2 \left(1 + \frac{P}{2\sigma^2} (A + D) + \left(\frac{P}{2\sigma^2} \right)^2 (AD - BC) \right)
\tag{5.26}
$$

が得られる。したがって，式 (5.23) と式 (5.26) より

$$
\begin{aligned}
\lambda_1 + \lambda_2 &= A + D \\
&= |h_{11}|^2 + |h_{12}|^2 + |h_{21}|^2 + |h_{22}|^2
\end{aligned}
\tag{5.27}
$$

$$
\begin{aligned}
\lambda_1 \lambda_2 &= AD - BC = AD - |B|^2 \\
&= (|h_{11}|^2 + |h_{12}|^2)(|h_{21}|^2 + |h_{22}|^2) - |h_{11}h_{21}^* + h_{12}h_{22}^*|^2
\end{aligned}
\tag{5.28}
$$

が成り立つ。これは，固有値 λ_1，λ_2 が

$$(\lambda_1, \lambda_2) = \frac{A + D \pm \sqrt{(A+D)^2 - 4(AD - BC)}}{2} \tag{5.29}$$

で与えることができることからも証明できる（証明は各自でお願いしたい）。式 (5.27) において，A，D はそれぞれ受信アンテナ 1，2 に対する伝搬利得に相当する。よって $\lambda_1 + \lambda_2$ は受信アンテナ 1，2 のチャネル応答電力の和に相当する。また，空間相関 ρ は以下の式で与えることができる。

$$\rho = \frac{h_{11}h_{21}^* + h_{12}h_{22}^*}{\sqrt{|h_{11}|^2 + |h_{12}|^2}\sqrt{|h_{21}|^2 + |h_{22}|^2}} \tag{5.30}$$

$$= \frac{B}{\sqrt{A}\sqrt{D}} = \frac{C^*}{\sqrt{A}\sqrt{D}} \tag{5.31}$$

よって，式 (5.31) を式 (5.28) に代入すると，式 (5.28) は以下のように変形できる。

$$\lambda_1\lambda_2 = AD(1 - |B|^2/AD) = AD(1 - |\rho|^2) \tag{5.32}$$

$$= (|h_{11}|^2 + |h_{12}|^2)(|h_{21}|^2 + |h_{22}|^2)(1 - |\rho|^2) \tag{5.33}$$

　最後に，導出した式を用いて MIMO のチャネル容量の解釈を行う。まず式 (5.23) と (5.26) から，$\log_2(\cdot)$ の中の第 3 項が MIMO による容量増大の効果であることは自明である。そこで，式 (5.23) の $\log_2(\cdot)$ の中の第 3 項である $(P/2\sigma^2)^2 \cdot \lambda_1\lambda_2$ に注目する。式 (5.23) の $\log_2(\cdot)$ の中の第 2 項である $(P/2\sigma^2) \cdot (\lambda_1 + \lambda_2)$ は受信 SNR に相当し，$\lambda_1 + \lambda_2 = \mathrm{Const.}$ である。ここで，Const. とは変数が一定の値を持つことを意味する。したがって，この条件において，$\lambda_1\lambda_2$ を最大とする条件は，相加・相乗平均の定理より

$$\lambda_1 = \lambda_2 \tag{5.34}$$

である。また，このとき式 (5.28)，(5.33) より

$$|\rho| = 0 \tag{5.35}$$

が成り立つ必要がある。これらがチャネル容量を最大化する条件となる。すなわち，MIMO のチャネル容量の最大化の条件は，2 個の固有値が等しくなることと空間相関が 0 になることであり，この両者は等価の扱いと見なすことができる。さらに，これは相関行列 $\boldsymbol{G}$ が対角行列になることとも等価である。一方，チャネル容量が最小化される条件は以下の式で与えられる。

$$\lambda_1 = A + D, \quad \lambda_2 = 0, \quad |\rho| = 1 \tag{5.36}$$

　なお，$N_T = 2$ とし，N_R が 2 以上の場合，固有値と伝搬チャネル応答の関係は以下の式で与えることができる。

$$\lambda_1 + \lambda_2 = \sum_{i=1}^{N_R} \left(|h_{i1}|^2 + |h_{i2}|^2 \right) \tag{5.37}$$

$$\lambda_1 \lambda_2 = \left(\sum_{i=1}^{N_R} |h_{i1}|^2 \right) \left(\sum_{i=1}^{N_R} |h_{i2}|^2 \right) \left(1 - |\rho|^2 \right) \tag{5.38}$$

$$\rho = \frac{\displaystyle\sum_{i=1}^{N_R} h_{i1} h_{i2}^*}{\sqrt{\displaystyle\sum_{i=1}^{N_R} |h_{i1}|^2} \sqrt{\displaystyle\sum_{i=1}^{N_R} |h_{i2}|^2}} \tag{5.39}$$

これらの式を見てもわかるように，受信アンテナ数を増加させることにより，空間相関 ρ は小さくなる。したがって，$\lambda_1 + \lambda_2$，$\lambda_1 \lambda_2$ とも大きくなることがわかる。よってチャネル容量は増大することは明らかである。これが受信ダイバーシチの効果となる。

　以下，3 種類のチャネル行列の具体例を取り上げ，チャネル行列の違いに対するチャネル容量を比較する。**表 5.1** に評価に使用したチャネル行列を示す。Case 1 はチャネル行列が単位行列となる場合である。この場合は，いうまでもなく相関行列は単位行列となる。具体例としては，同じアンテナ利得を有する直交偏波アンテナを考えるとよい。実際のアンテナとマルチパス環境では，交差偏波識別度が ∞ にならないため，チャネル行列を単位行列にすることは難しいが，交差偏波識別度を ∞ と考えると Case 1 となる。2 番目の例は，非マルチパス環境である。すなわち，電波暗室内で送信機と受信機を正対させるとチャネル行列は Case 2 となる。3 番目の例において相関行列を求めると，$\boldsymbol{H}\boldsymbol{H}^H = 2\boldsymbol{I}$（$\boldsymbol{I}$：単位行列）となる。これは，ユニタリ行列の条件（$\boldsymbol{H}\boldsymbol{H}^H = \boldsymbol{I}$）に対し，定数倍した行列となっている。

表 5.1　チャネル行列の例

	$\boldsymbol{H}$	$\boldsymbol{H}\boldsymbol{H}^H$	λ_1, λ_2
Case 1（$h_{12} = h_{21} = 0$）	$\begin{bmatrix} 1 & 0 \\ 0 & 1 \end{bmatrix}$	$\begin{bmatrix} 1 & 0 \\ 0 & 1 \end{bmatrix}$	1, 1
Case 2（すべての要素が 1：空間相関=1）	$\begin{bmatrix} 1 & 1 \\ 1 & 1 \end{bmatrix}$	$\begin{bmatrix} 2 & 2 \\ 2 & 2 \end{bmatrix}$	4, 0
Case 3（ユニタリ行列）	$\begin{bmatrix} 1 & -j \\ -j & 1 \end{bmatrix}$	$\begin{bmatrix} 2 & 0 \\ 0 & 2 \end{bmatrix}$	2, 2

　図 5.16 に SNR に対するチャネル容量特性を示す。図から明らかなように，相関行列と固有値によりチャネル容量特性が大きく変化することがわかる。Case 2 は，SNR の増大に対する傾きが SISO の場合とまったく同じであり，MIMO としてのポテンシャルをまったく有していない。SISO との容量差はチャネル行列の大きさに起因するものであり，チャネル行

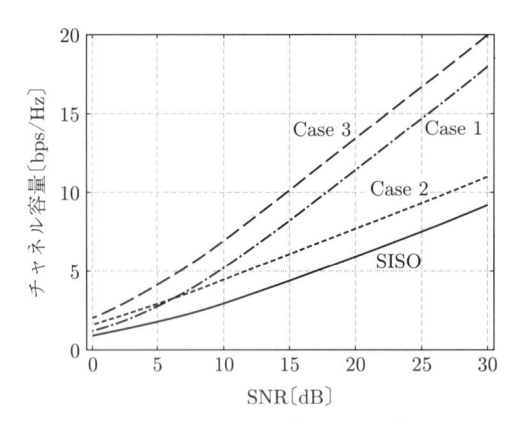

図 5.16　表 5.1 のチャネル行列に対する
チャネル容量特性

列の大きさを規格化すると，SISO とまったく同じ特性となる。一方，Case 1 と Case 3 は
相関行列が対角行列になるとともに，固有値 λ_1，λ_2 の両者が完全に一致する。したがって，
MIMO 通信の利点を最大限発揮できる。両者の差は，チャネル行列の大きさの差に起因して
いる。Case1 では送信アンテナ 1（2）から受信アンテナ 2（1）へのチャネル応答 h_{21}（h_{12}）
を 0 にすることで直交化を実現しているが，Case 3 は Case 1 とは異なり，チャネル行列の
比対角項を 0 にすることなく直交化を実現している。よって両者には 3 dB の SNR の差が生
じていることが確認できる。

5.3　MIMO における受信信号分離技術と送信指向性制御技術

5.3.1　受信信号分離技術

MIMO における信号分離，すなわち SDM を実現する上で必要となるのは，式 (5.13) で
示されているように，受信信号 $\boldsymbol{y}(t)$ とチャネル行列 $\boldsymbol{H}$ を用いて送信信号 $\boldsymbol{s}(t)$ を推定するこ
とである。MIMO の受信側信号分離技術（以下，信号分離技術と呼ぶ）に関する研究は，こ
の研究分野における主要課題の一つとなっている。本書より詳しい説明が文献[25]等でも解説
されているので，興味がある読者はこちらを参照することを勧める。

また，5.4 節で述べる MU-MIMO における上り回線での信号分離技術もここで説明する技
術を適用することができる。おもな信号分離技術を**表 5.2** に分類する。

表 5.2 の各方法の性能とその演算量はトレードオフの関係にある。まず，ZF 法は受信信
号 $\boldsymbol{y}(t)$ にチャネル行列 $\boldsymbol{H}$ の逆行列を乗算することで実現できるため，MIMO の信号分離技
術の中では，比較的簡易な手法としてよく用いられる。これに対して，MMSE（minimum
mean square error）法では，ZF とほぼ同じ計算を行うことで送信信号の復号を実現するが，

表 5.2　MIMO におけるおもな信号分離技術の分類

復号方法	特　　徴
ZF	受信信号 $\boldsymbol{y}(t)$ に伝搬チャネル行列 $\boldsymbol{H}$ の逆行列を左より乗算
MMSE	ZF+雑音を抑圧するように制御
SIC	ZF（MMSE）+逐次的に品質のよい信号から検出
MLD	送信信号のすべての組合せより最も確からしい信号を検出

熱雑音を考慮して制御が行われるため，SNR が低い環境で ZF よりも高い性能を示すが，じつは両者の性能差はほとんどない。MMSE はもともとアダプティブアレー[41),42)] における干渉除去に用いられるために提案された信号分離技術である。MMSE におけるアダプティブアレーと MIMO における必要条件と目的の違いについては，文献[25)] で解説されているのでそちらを参照されたい。

　ZF や MMSE は空間相関が高くなる環境において特性が大きく劣化することが知られている。この問題を解決する手法として，SIC（successive interference canceller）[34),35)] や MLD（maximum likelihood detection）[32)] が提案されている。まず，SIC であるが，ZF もしくは MMSE を信号分離方法として用いるが，信号分離後の処理に工夫が加えられている。具体的には，信号分離後に品質のよい信号（例えば SNR が最も高いデータ）を検出し，受信信号から復調後の再変調した信号を差し引く処理を行う。この処理を繰り返すことで，ZF や MMSE よりも非常に高い性能を得ることができる。

　MLD は最尤推定に基づく方法であり，MIMO の信号分離技術の中で理論上最も高い性能を有する。原理は単純で，総当たりで送信された信号候補を探索する。ただし，送信データ数の増加/多値変調の使用により，計算は指数関数的に増加するため，MLD の計算を簡易化する方法が提案されている[18),36)]。

　本節では，前節で概念を説明した ZF について説明する。前節では，送受信アンテナがそれぞれ 2 の場合の MIMO について考えたが，それ以上のアンテナ数になる場合の ZF の一般解を考える。また，前節では熱雑音の影響を無視したが，先に示したように，実際は熱雑音を考慮する必要がある。2×2 MIMO の場合は，先に示したように簡単な連立方程式で解くことができた。しかし，3 変数の連立方程式はともかく，4 変数以上となると連立方程式を解くことが非常に煩雑となる。そこで，行列の定理を適用する。$N_R \times N_T$ MIMO における受信信号は式 (5.13) で表すことができる。ここで，簡単化のため，$P = 1$，$N_T = N_R$ とし，式 (5.13) の両辺にチャネル行列の逆行列 $\boldsymbol{H}^{-1}$ を乗算すると

$$\boldsymbol{H}^{-1}\boldsymbol{y}(t) = \boldsymbol{H}^{-1}\boldsymbol{H}\boldsymbol{s}(t) + \boldsymbol{H}^{-1}\boldsymbol{n}(t) \tag{5.40}$$

$$= \boldsymbol{s}(t) + \boldsymbol{H}^{-1}\boldsymbol{n}(t) \tag{5.41}$$

となり，式 (5.41) の右辺第 2 項を無視すれば，完全に送信信号を復号できる。実際の ZF で

は，式 (5.41) の右辺第 2 項である $\boldsymbol{H}^{-1}\boldsymbol{n}(t)$ を無視できない。一般に，前節で述べた空間相関が高くなる条件では，$\boldsymbol{H}^{-1}$ は大きくなる。すなわち，式 (5.41) の右辺第 2 項が第 1 項に対して無視できなくなる。これを雑音強調と呼び，ZF を適用する際には大きな問題となり，その性能を改善するために，先に述べた SIC や MLD が MIMO の送受信の信号分離技術として検討されている。

ZF は，受信アンテナ数 N_R が送信アンテナ数 N_T 以上であれば実現できる。$N_R > N_T$ の場合は，$\boldsymbol{H}^{-1}$ の代わりに一般逆行列，すなわち

$$\boldsymbol{H}^+ = \left(\boldsymbol{H}^H \boldsymbol{H}\right)^{-1} \boldsymbol{H}^H \tag{5.42}$$

で与えることができる。

5.3.2　送信指向性制御技術

前項の受信側の信号分離技術を考えると，下り回線（AP → STA）では，STA 側が信号分離の信号処理を行うことから STA 側の負荷が増大する。ここで説明する固有モード伝送（eigenmode beamforming : EM-BF）は，送信側で制御を行うことで，送信ダイバーシチ効果を確保しつつ STA 側の負荷を軽減することができる技術である[37),38)]。図 **5.17** に受信信号分離技術と固有モード伝送の違いを，下り回線の場合について示す。これまで述べた方法では，AP（送信側）はアンテナごとに異なる信号を送信している。したがって，STA（受信側）では各受信アンテナに複数の信号が同時に到来し，先に述べた信号分離技術が必要と

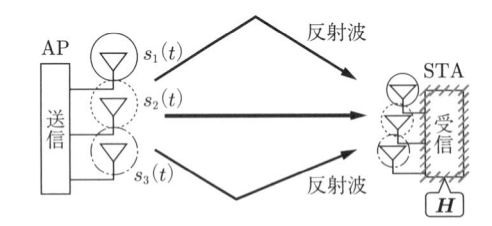

(a)　アンテナごとに異なる信号を送信する方法

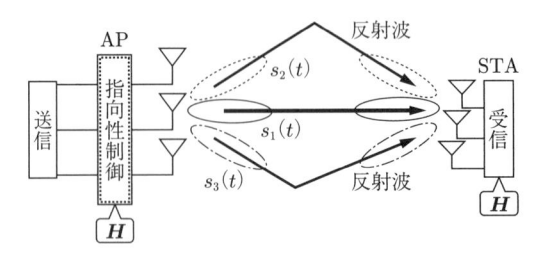

(b)　固有モード伝送

図 **5.17**　アンテナごとに異なる信号を送信する方法と固有モード伝送との比較

なる。

　一方，固有モード伝送では，図に示すように，あらかじめ AP（送信側）と STA（受信側）がそれぞれ伝搬チャネル行列 H を推定していることが前提となる。伝搬チャネル行列 H を用いて，AP と STA でそれぞれ送信するデータ数と同数の指向性を形成する。ここで形成される指向性は伝搬環境に対応した指向性が形成され，各指向性は直交している。このような指向性を AP と STA で形成することで，受信側では 5.3.1 項で述べた信号分離技術を用いずに MIMO による通信が実現でき，STA 側の負荷が軽減される[39]。さらに，送信アンテナ数と受信アンテナ数の関係によっては，送信電力を送信データごとに変化させたり，送信データ数を変化させたりすることでチャネル容量を増大させることができる。これらが固有モード伝送の大きな特徴である。反対に，固有モード伝送では AP 側の負荷が大きくなる。

　以下，固有モード伝送の詳細な原理について述べる。理解を深めるために，**図 5.18** に $2 \times 2\,\text{MIMO}$ における固有モード伝送のブロック図を示す。ここで，これ以降の説明のため，図 5.18 における送信と受信が図 5.17 と左右反対になっていることに注意されたい。また，簡単化のため，ここでも送信電力 P を 1 とする。固有モード伝送では，特異値分解を利用している。伝搬チャネル行列 H を特異値分解すると，H は

$$H = UDV^H \tag{5.43}$$

$$= [\boldsymbol{u}_1, \boldsymbol{u}_2] \begin{bmatrix} \sqrt{\lambda_1} & 0 \\ 0 & \sqrt{\lambda_2} \end{bmatrix} [\boldsymbol{v}_1, \boldsymbol{v}_2]^H \tag{5.44}$$

と変形できる。ここで，U は左特異行列と呼ばれ，HH^H の固有値分解からも得ることができる。図に示すように，$U^H = [\boldsymbol{u}_1, \boldsymbol{u}_2]^H$ は受信側のウエイト行列として用いられる。V は右特異行列と呼ばれ，$H^H H$ の固有値分解からも得ることができる。図に示すように，$V = [\boldsymbol{v}_1, \boldsymbol{v}_2]$ は送信側のウエイト行列として用いられる。D は特異値行列であり，$\sqrt{\lambda_1}$，$\sqrt{\lambda_2}$ は特異値と呼ばれる。特異値の 2 乗値である λ_1，λ_2 はそれぞれ HH^H もしくは $H^H H$ の固有値として得ることができる。

　つぎに，実際の固有モード伝送による通信フローを以下に示す。

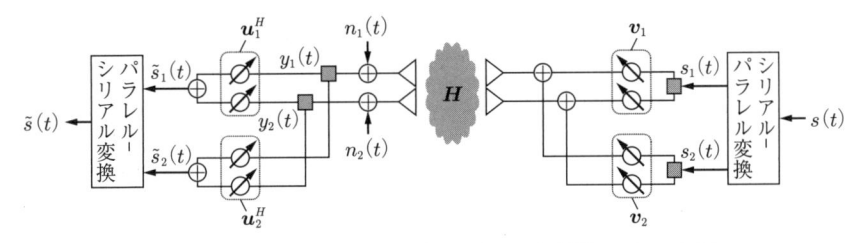

図 5.18　$2 \times 2\,\text{MIMO}$ における固有モード伝送のブロック図

・送信と受信の両方で伝搬チャネル行列 $\boldsymbol{H}$ を推定する。受信側では，5.2 節で示した推定法を用いて $\boldsymbol{H}$ を取得できる。送信側が $\boldsymbol{H}$ の情報を得るためには，受信側で推定した $\boldsymbol{H}$ を受信側から送信側へフィードバックするか，回線が TDD（time division duplex）の場合は，下り（上り）回線において STA（AP）より AP（STA）に既知信号を送ることで得ることができる。

・図 5.18 に示すように，送信信号を分岐し（シリアル–パラレル（S/P）変換），送信信号 $s_1(t)$，$s_2(t)$ に送信側固有ベクトル $\boldsymbol{v}_1$，$\boldsymbol{v}_2$ をそれぞれ乗算する。その後，アンテナ素子番号に相当する信号をそれぞれ加算する。

・図 5.18 に示すように，受信信号 $y_1(t)$，$y_2(t)$ を分岐し，それぞれに受信側固有ベクトル $\boldsymbol{u}_1^H$，$\boldsymbol{u}_2^H$ を乗算する。

送信側の乗算された信号を $\boldsymbol{s}'(t)$ とすると

$$\boldsymbol{s}'(t) = \boldsymbol{V}\boldsymbol{s}(t) \tag{5.45}$$

$$= \left[\begin{array}{cc} v_{11} & v_{12} \\ v_{21} & v_{22} \end{array} \right] \left[\begin{array}{c} s_1(t) \\ s_2(t) \end{array} \right] \tag{5.46}$$

$$= \left[\begin{array}{c} v_{11}s_1(t) + v_{12}s_2(t) \\ v_{21}s_1(t) + v_{22}s_2(t) \end{array} \right] \tag{5.47}$$

となる。つぎに受信信号 $\boldsymbol{y}(t)$ は

$$\boldsymbol{y}(t) = \boldsymbol{H}\boldsymbol{V}\boldsymbol{s}(t) + \boldsymbol{n}(t) \tag{5.48}$$

となる。受信側の固有ベクトルを乗算後の信号を $\tilde{\boldsymbol{s}}(t)$ とすると

$$\tilde{\boldsymbol{s}}(t) = \boldsymbol{U}^H \left(\boldsymbol{H}\boldsymbol{V}\boldsymbol{s}(t) + \boldsymbol{n}(t) \right) \tag{5.49}$$

$$= \boldsymbol{U}^H \left(\boldsymbol{U}\boldsymbol{D}\boldsymbol{V}^H\boldsymbol{V}\boldsymbol{s}(t) + \boldsymbol{n}(t) \right) \tag{5.50}$$

$$= \left(\boldsymbol{U}^H\boldsymbol{U} \right) \boldsymbol{D} \left(\boldsymbol{V}^H\boldsymbol{V} \right) \boldsymbol{s}(t) + \boldsymbol{U}^H\boldsymbol{n}(t) \tag{5.51}$$

$$= \boldsymbol{D}\boldsymbol{s}(t) + \boldsymbol{U}^H\boldsymbol{n}(t) \tag{5.52}$$

と変形できる。ここで，$\boldsymbol{D} = \mathrm{diag}\left(\sqrt{\lambda_1}, \sqrt{\lambda_2} \right)$ である。また，$\boldsymbol{U}$，$\boldsymbol{V}$ はユニタリ行列であることから，$\boldsymbol{U}^H\boldsymbol{U} = \boldsymbol{I}_{N_R}$，$\boldsymbol{V}^H\boldsymbol{V} = \boldsymbol{I}_{N_T}$ であることを利用している。ここで，$\boldsymbol{I}_{N_R}$，$\boldsymbol{I}_{N_T}$ はそれぞれ $N_R \times N_R$（$= 2 \times 2$），$N_T \times N_T$（$= 2 \times 2$）の単位行列である。この変形から明らかなように，受信信号は，熱雑音部分を無視すると，送信信号 $s_j(t)$（$j = 1,~2$）の $\sqrt{\lambda_j}$（$j = 1,~2$）倍の信号が得られることがわかる。また，ZF の場合とは異なり，雑音強調も起こらない。このように，固有モード伝送は，送信側のウエイト $\boldsymbol{V}$ の乗算を行い，受信側でウエイト $\boldsymbol{U}^H$ の乗算を行えば，受信側で送信データ間の干渉がまったく生じない伝送が実現で

きる。固有モード伝送では，先に述べた ZF，MMSE，MLD を適用することで，受信側でウエイト U^H の乗算を行う計算と同じ性能が得られる。

　図 **5.19** に，式 (5.52) の結果を $N_R \times N_T$ MIMO に拡張した場合の固有モード伝送の解釈と等価回路を示す。図では，簡単化のために熱雑音の影響は除いている。式 (5.52) の結果は，$N_R \times N_T$ MIMO にそのまま拡張することが可能であり，図 (a) に示すように，特異値分解の結果（$H = UDV^H$）と送受信ウエイト行列（V，U^H）により，伝搬チャネル行列 H は特異値行列 D に変換される。したがって，送信信号 $s(t)$ は受信側では $Ds(t)$ として得られる。図 (b) は図 (a) の等価回路を示した。図 (b) に示すように，送受信ウエイト行列（V，U^H）により，送信信号 $s_j(t)$（$j = 1 \sim J$）が特異値 $\sqrt{\lambda_j}$（$j = 1 \sim J$）とそれぞれ乗算された後に出力されることがわかる。ここで，$J = \min (N_T, N_R)$ である。したがって，受信側で復号される信号は特異値の大きさに依存するため，固有モード伝送では適応変調[5]が必要となる。

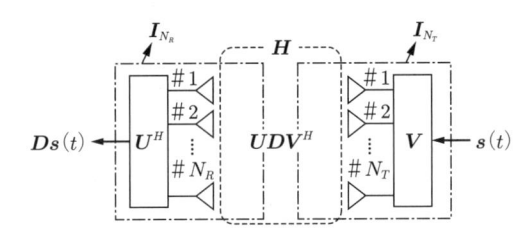

(a)　特異値分解と送受信ウエイトによる変換

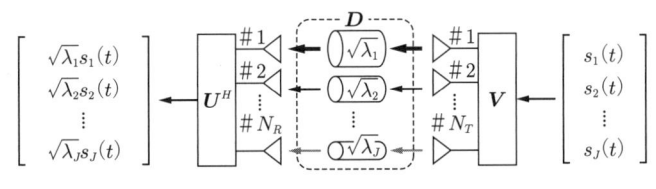

(b)　(a) の等価回路（$J = \min (N_T, N_R)$）

図 5.19　$N_R \times N_T$ MIMO における固有モード伝送の
解釈と等価回路

　図 **5.20** に適応変調と固有モード伝送の実際の適用時のイメージを示す。先の説明と結果からわかるように，固有モード伝送は特異値に相当する利得を受信側で得ることができる。すなわち，固有値の大きさに比例してチャネル容量が決定される。そこで，固有モード伝送では，図 (a) に示すような SNR に応じて変調方式を変化させる適応変調を送信データごとに採用することで，高いビットレートを得ることができる。したがって，固有モード伝送は適応変調と組み合わせて使用する必要がある。図 (b) では，3 個の送信データを同時に送信することを考えているが，最も受信電力が高くなる第 1 固有値に相当する固有ベクトルには 64 QAM を，第 2，3 固有値に対応する固有ベクトルにはそれぞれ 16 QAM，QPSK を割り当てている。

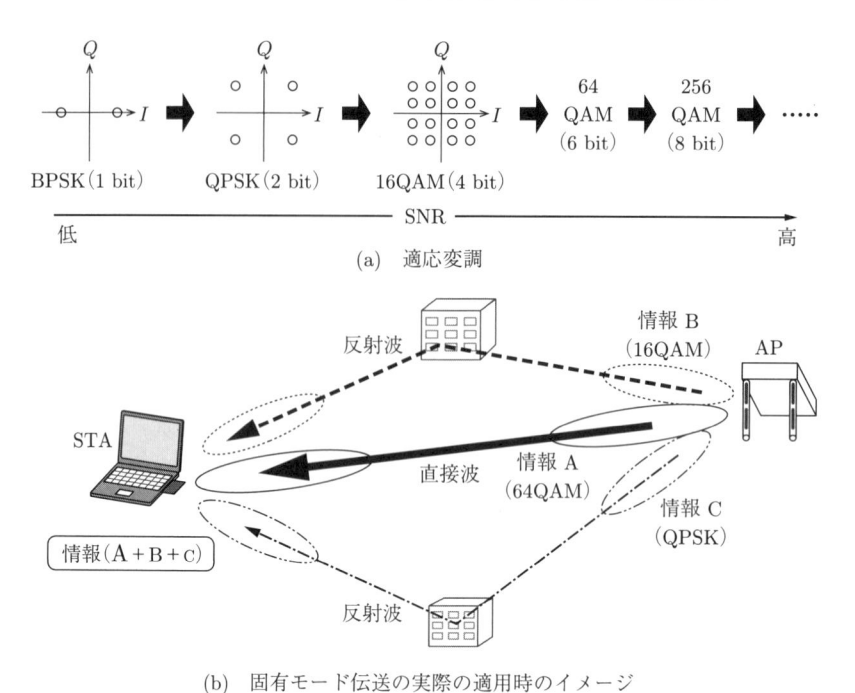

(a)　適応変調

(b)　固有モード伝送の実際の適用時のイメージ

図 **5.20**　適応変調と固有モード伝送の実際の適用時のイメージ

5.4　マルチユーザ MIMO（MU-MIMO）の原理

前節までで説明した MIMO 技術は，本書における MU-MIMO 技術と分類するため，SU（single user）-MIMO 技術と呼ぶことにする。SU-MIMO 技術は，空間領域におけるアレーアンテナを用いた信号処理技術であると解釈できる。空間領域におけるアレーアンテナを用いた信号処理技術として MIMO とは異なる手法で，システム全体の周波数利用効率を向上させる技術がこれまで検討されてきた。これは，SDMA（space division multiple access）と呼ばれる技術であり，ちょうど MIMO 技術の提案から少し前にそのコンセプトが提案されている。図 **5.21** に SDMA の概念図を示す。SDMA は図（a）に示すように，アダプティブアレーアンテナを AP 側に用いて複数の異なる指向性を形成することで，同一時間（t_1），同一周波数（f_1）で複数のユーザと通信することを可能とする。図（b）と図 5.2 を比較してもらうと理解のイメージがしやすいように思われる。すなわち，アダプティブアレーにおいて，所望信号を 1 番目の信号，干渉信号を所望信号の 2 番目の信号と見なして，両方の信号を受信することを考える。これがまさに SDMA の考え方であるといえる。

通常，SDMA では，図 5.21 に示すようにユーザ側のアンテナ数は 1 であるが，SDMA に MIMO の考え方を導入することも可能である。これは，ユーザ側のアンテナを複数にす

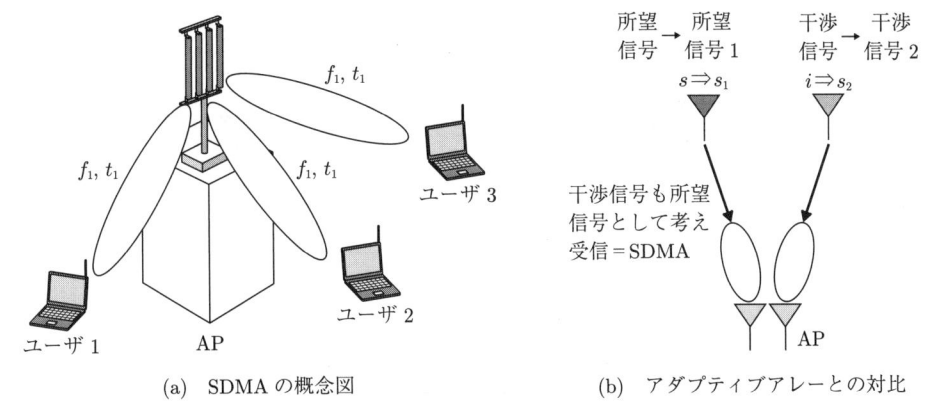

(a) SDMA の概念図 　　　　　(b) アダプティブアレーとの対比

図 **5.21** SDMA の概念図（f_1：周波数, t_1：時間）

ることである。ただし，ユーザ側にはハードウェア規模の制約から，多くのアンテナを有することが困難である。そこで，AP には多くのアンテナを有し，複数のユーザと AP の間における MIMO による通信を実現することを考える。これは，一般にマルチユーザ MIMO（MU-MIMO）と呼ばれている。

　図 **5.22** に SU-MIMO と MU-MIMO における PHY 層における主要技術課題を示す。また，SU-MIMO，MU-MIMO の両方において上り回線（ユーザ → AP），下り回線（AP → ユーザ）ごとに課題が異なることから，それぞれの場合の課題について示している。図の例では，AP がユーザよりも多くのアンテナを有し（AP のアンテナ数：4），ユーザは 2 本のアンテナを持ち，2 個のデータを同時に送信もしくは受信する状況を想定している。MU-MIMO の場合は，2 ユーザが同時に AP と通信をすることを想定している。

　まず，SU-MIMO の場合の上り回線を考える。上り回線（下り回線）において，AP（ユーザ）が複数の異なる信号（図 5.22 の場合，s_1，s_2）を同時に受信する必要がある。このとき，受信アンテナに入力される信号は s_1，s_2 がたがいに混ざった信号となる。これは，上り回線だけでなく下り回線でも同じ問題が発生する。すなわち，上り回線/下り回線に関係なく，受信側では複数の信号を分離する技術（信号分離技術）が必須となる[25]。

　つぎに，SU-MIMO における下り回線の課題を考える。ここでは，AP のアンテナ数がユーザのそれよりも多いことを考えているため，図 5.22 の場合では，同時に送信できる信号数は AP のアンテナ数によらず 2 となる。このとき，AP のアンテナ数がユーザのアンテナ数よりも多くなる場合の MIMO 伝送方法として，送信側指向性制御技術を用いることが提案されている[25]。

　最後に，MU-MIMO に関する課題について説明する。MU-MIMO の場合，SU-MIMO における技術をそのまま適用できる場合と，そのまま適用できない場合がそれぞれ存在する。まず上り回線に着目すると，複数ユーザの総アンテナ数が AP のアンテナ数以下であれば，

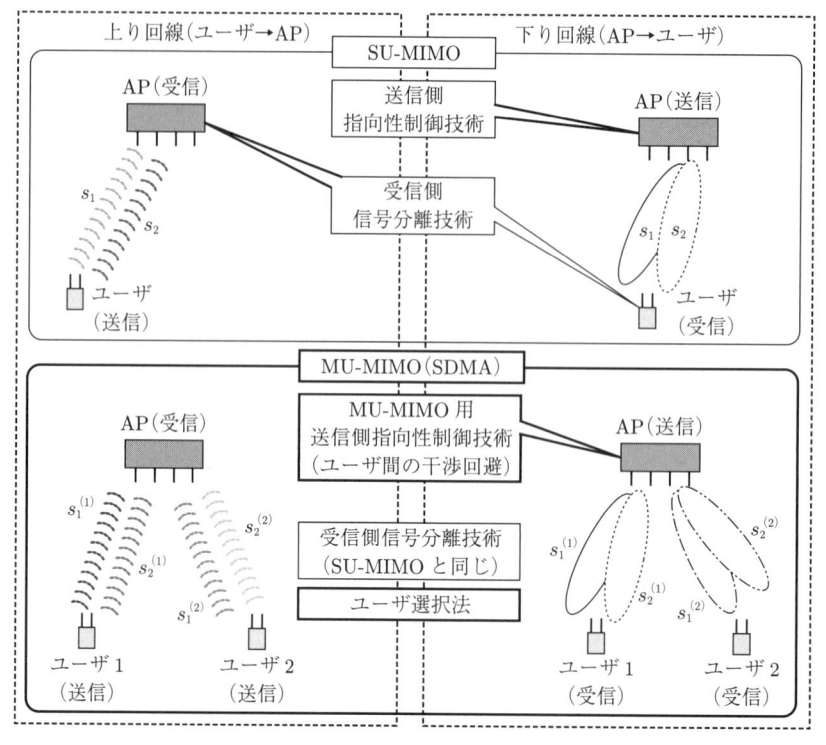

図 5.22 SU-MIMO/MU-MIMO における主要な技術課題（PHY 層）

SU-MIMO における受信側信号分離技術がそのまま適用できる。図 5.22 において，AP は
ユーザ 1 の信号 $s_1^{(1)}$，$s_2^{(1)}$，ユーザ 2 の信号 $s_1^{(2)}$，$s_2^{(2)}$ を 4 個の異なる信号と見なし，これら
の信号に対する信号分離技術を適用すればよい。

　MU-MIMO における上り回線では SU-MIMO の技術が適用できるのに対し，MU-MIMO
の下り回線では，MU-MIMO 独自の技術が必要となる[24),25)]。先に述べたように，SDMA
では対象とするユーザ以外のユーザの方向に指向性のヌルを形成する。SU-MIMO における
送信側指向性制御では，当然ながら他ユーザに対する指向性のヌル形成は考慮しない。所望
のユーザへの信号が他ユーザに届くと，これは干渉となる。ユーザ間では一般にデータのや
りとりはできないので，ユーザは他ユーザのために AP から送信された信号（干渉信号）を
取り除く術がない。したがって，MU-MIMO の下り回線では，他ユーザへの干渉を回避する
送信側指向性制御技術が必須となる。よって，5.5 節では，下り回線における指向性制御技
術について解説する。さらに，MU-MIMO では，AP と通信するユーザの組合せによって，
MU-MIMO の性能が大きく変化する。すなわち，ユーザの組合せを最適化することが課題
となる。ユーザ選択法は PHY 層の話とはいえないが，じつはこの点は 6 章で話をする通信
効率の低下に関係している。ユーザ選択法についての詳細は 5.5.2 項で述べる。

5.5　MU-MIMO における下り回線指向性制御技術

5.5.1　線形演算による指向性制御技術

　ここでは，MU-MIMO の下り回線の指向性制御技術として，BD（block diagonalization）法について解説する。図 **5.23** の MU-MIMO の下り回線のシステムモデルを示す。理解を簡単にするために，AP（送信局）アンテナ数 N_T，STA（受信局）アンテナ数 N_R，ユーザ数 $N_U = 2$ とする。すなわち，$N_R N_U \times N_T$ 通りの伝搬チャネル応答が全体では形成されることとなる。$N_U = 2$ の場合，図の送信信号ベクトル $s(t)$，チャネル行列 H，ウエイト行列 W は，それぞれ以下の式で与えることができる。なお，上付き添字の T は行列およびベクトルの転置を表す。

$$s(t) = \left[\left(s^{(1)}(t) \right)^T \ \left(s^{(2)}(t) \right)^T \right]^T \tag{5.53}$$

$$H = \left[\left(H^{(1)} \right)^T \ \left(H^{(2)} \right)^T \right]^T \tag{5.54}$$

$$W = \left[W^{(1)} \ W^{(2)} \right] \tag{5.55}$$

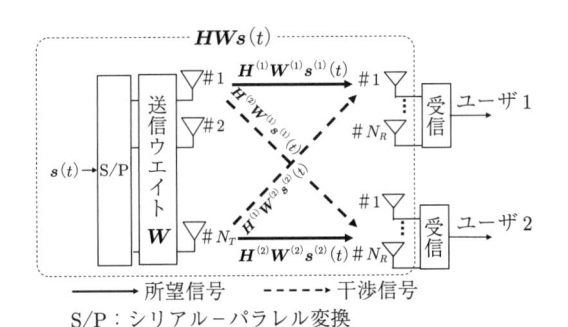

図 5.23　下り回線における MU-MIMO の
システムモデル（$N_U = 2$）

　図 5.23 において，受信機で発生する熱雑音を無視すると，受信信号は $HWs(t)$ で表される。また，図において，$H^{(1)}W^{(1)}s^{(1)}(t)$，$H^{(2)}W^{(2)}s^{(2)}(t)$ はそれぞれユーザ 1，2 に対する送信信号とチャネル行列の積であることがわかる。よって，これらがユーザ 1，2 にそれぞれ送信されるべき情報となる。一方，$H^{(1)}W^{(2)}s^{(2)}(t)$，$H^{(2)}W^{(1)}s^{(1)}(t)$ はそれぞれユーザ 1，2 に対する干渉信号となる。したがって

$$H^{(1)}W^{(2)}s^{(2)}(t) = 0_{N_R \times 1} \tag{5.56}$$

$$H^{(2)}W^{(1)}s^{(1)}(t) = 0_{N_R \times 1} \tag{5.57}$$

が満たされるように，$\boldsymbol{W}^{(1)}$，$\boldsymbol{W}^{(2)}$ が決定できれば，ユーザ 1 と 2 には干渉が届かない。ここで，$\boldsymbol{0}_{N_R \times 1}$ は $N_R \times 1$ のゼロベクトルである。

図 5.24 に，図 5.23 の例において BD 法により形成される空間チャネル（ユーザ 1）を示す。図 5.24 に示すように，BD 法は

$$\boldsymbol{HW} = \begin{bmatrix} \boldsymbol{H}^{(1)}\boldsymbol{W}^{(1)} & \boldsymbol{0}_{N_R \times (N_T - N_R)} \\ \boldsymbol{0}_{N_R \times (N_T - N_R)} & \boldsymbol{H}^{(2)}\boldsymbol{W}^{(2)} \end{bmatrix} \tag{5.58}$$

となるようにウエイト $\boldsymbol{W}$ を決定する。これは，式 (5.56)，(5.57) の条件を満たすためのウエイトの条件である。また，式 (5.58) からわかるように，伝搬チャネル行列 $\boldsymbol{H}$ がウエイト $\boldsymbol{W}$ の乗算によりブロック対角化されていることがわかる。これが，本手法が BD 法と呼ばれる理由である[43]。

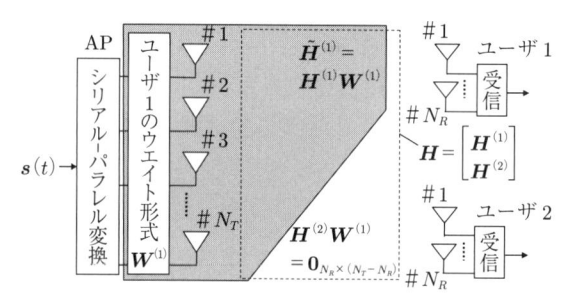

図 5.24　BD 法により形成される空間チャネル（$N_U = 2$）

つぎに，具体的に $\boldsymbol{W}^{(1)}$，$\boldsymbol{W}^{(2)}$ を求める方法について説明する。$\boldsymbol{W}^{(1)}$，$\boldsymbol{W}^{(2)}$ を求めるために，ユーザ 2，1 の伝搬チャネル行列 $\boldsymbol{H}^{(2)}$，$\boldsymbol{H}^{(1)}$ に対し特異値分解を適用する。ここで，$N_T > N_R$ の関係が存在すると，特異値分解において 0 の値を有する固有値に対応する固有ベクトルで形成される行列，$\boldsymbol{V}_n^{(2)}$，$\boldsymbol{V}_n^{(1)}$ が得られる[43]。これらの行列は

$$\boldsymbol{H}^{(1)}\boldsymbol{V}_n^{(2)} = \boldsymbol{H}^{(2)}\boldsymbol{V}_n^{(1)} = \boldsymbol{0}_{N_R \times (N_T - N_R)} \tag{5.59}$$

の関係を持つ。したがって，$\boldsymbol{W}^{(1)} = \boldsymbol{V}_n^{(2)}$，$\boldsymbol{W}^{(2)} = \boldsymbol{V}_n^{(1)}$ とすれば，他ユーザには干渉を与えずに MU-MIMO 伝送が実現できる。図 5.24 は，$\boldsymbol{W}^{(1)}$ によるユーザ 1 に形成される伝搬チャネルを表しているが，BD 法によりユーザ 2 には電波が届かないようにすることができることがわかる。

ブロック対角化が実現できれば，AP 間とユーザ 1 間のチャネル応答 $\boldsymbol{H}^{(k)}\boldsymbol{W}^{(k)}$（$k = 1$, 2）は SU-MIMO の伝搬チャネル応答と見なすことができる。すなわち，このチャネルを用いて，SU-MIMO の制御である固有モード伝送，もしくは受信（ユーザ）側による ZF, MMSE, SIC, MLD などの信号分離を適用することができる。一般に BD 法と呼ばれている方法では，ユーザ内における MIMO による通信は固有モード伝送を用いて実現される[43]。

ブロック対角化の考え方を固有モード伝送に適用する場合のブロック図を**図 5.25** に示す。$k\ (=1,\ 2)$ 番目のユーザに対して，以下の式で与えられる伝搬チャネル行列を特異値分解して得られる送受信固有ベクトル行列を用いればよい。

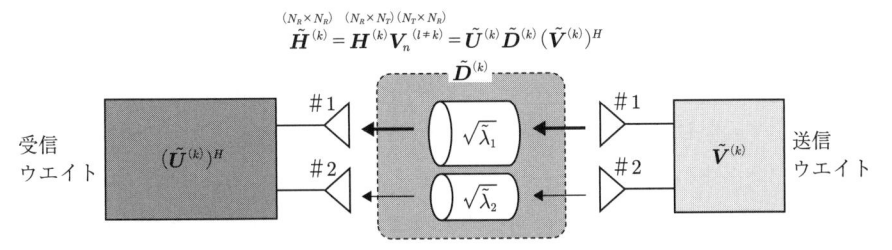

$$\overset{\scriptscriptstyle(N_R\times N_R)\ (N_R\times N_T)(N_T\times N_R)}{\tilde{\boldsymbol{H}}^{(k)}=\boldsymbol{H}^{(k)}\boldsymbol{V}_n^{(l\neq k)}=\tilde{\boldsymbol{U}}^{(k)}\tilde{\boldsymbol{D}}^{(k)}(\tilde{\boldsymbol{V}}^{(k)})^H}$$

図 5.25 ブロック対角化の考え方を固有モード伝送に適用する場合のブロック図

$$\tilde{\boldsymbol{H}}^{(k)} = \boldsymbol{H}^{(k)}\boldsymbol{V}_n^{(l\neq k)} \tag{5.60}$$

$$= \tilde{\boldsymbol{U}}^{(k)}\tilde{\boldsymbol{D}}^{(k)}\left(\tilde{\boldsymbol{V}}^{(k)}\right)^H \tag{5.61}$$

したがって，BD 法において固有モード伝送をユーザ k に適用する場合のウエイト $\boldsymbol{W}_{BD}^{(k)}$ は

$$\boldsymbol{W}_{BD}^{(k)} = \boldsymbol{V}_n^{(l\neq k)}\tilde{\boldsymbol{V}}^{(k)} \quad (l=2,\ 1) \tag{5.62}$$

で与えることができる。ここで，式 (5.61), (5.62) を用いると，$\boldsymbol{H}^{(k)}\boldsymbol{W}_{BD}^{(k)}$ は

$$\boldsymbol{H}^{(k)}\boldsymbol{W}_{BD}^{(k)} = \boldsymbol{H}^{(k)}\boldsymbol{V}_n^{(l\neq k)}\tilde{\boldsymbol{V}}^{(k)}$$

$$= \tilde{\boldsymbol{H}}^{(k)}\tilde{\boldsymbol{V}}^{(k)} \tag{5.63}$$

と変形できる。一方，ウエイト $\boldsymbol{W}_{BD}^{(k)}$ を形成することで，ユーザ $l\ (l=2,\ 1)$ に対する干渉 $\boldsymbol{H}^{(l\neq k)}\boldsymbol{W}_{BD}^{(k)}$ は

$$\boldsymbol{H}^{(l\neq k)}\boldsymbol{W}_{BD}^{(k)} = \boldsymbol{H}^{(l\neq k)}\boldsymbol{V}_n^{(l\neq k)}\tilde{\boldsymbol{V}}^{(k)}$$

$$= \boldsymbol{0}_{2\times 1} \tag{5.64}$$

と変形でき，干渉は完全に 0 となる。このとき，ユーザ k に対する受信信号 $\boldsymbol{y}^{(k)}(t)$ は，式 (5.61) の $\tilde{\boldsymbol{U}}^{(k)}$ を受信ウエイトとして用いると

$$\boldsymbol{y}^{(k)}(t) = \left(\tilde{\boldsymbol{U}}^{(k)}\right)^H \cdot \left(\boldsymbol{H}^{(k)}\boldsymbol{W}_{BD}^{(k)}\boldsymbol{s}^{(k)}(t) + \boldsymbol{H}^{(k)}\boldsymbol{W}_{BD}^{(l\neq k)}\boldsymbol{s}^{(l\neq k)}(t) + \boldsymbol{n}^{(k)}(t)\right)$$

$$= \left(\tilde{\boldsymbol{U}}^{(k)}\right)^H \cdot \left(\tilde{\boldsymbol{H}}^{(k)}\tilde{\boldsymbol{V}}^{(k)}\boldsymbol{s}^{(k)}(t) + \boldsymbol{n}^{(1)}(t)\right)$$

$$= \left(\tilde{\boldsymbol{U}}^{(k)}\right)^H \cdot \left(\tilde{\boldsymbol{U}}^{(k)}\tilde{\boldsymbol{D}}^{(k)}\left(\tilde{\boldsymbol{V}}^{(k)}\right)^H\tilde{\boldsymbol{V}}^{(k)}\boldsymbol{s}^{(k)}(t) + \boldsymbol{n}^{(k)}(t)\right)$$

$$= \tilde{\boldsymbol{D}}^{(k)}\boldsymbol{s}^{(k)}(t) + \left(\tilde{\boldsymbol{U}}^{(k)}\right)^H\boldsymbol{n}^{(k}(t) \tag{5.65}$$

と変形できる。ここで, $\tilde{D}^{(k)} = \mathrm{diag}\left(\sqrt{\tilde{\lambda}_1^{(k)}}, \sqrt{\tilde{\lambda}_2^{(k)}} \right)$ であり, $\tilde{\lambda}_1^{(k)}$, $\tilde{\lambda}_2^{(k)}$ は BD 法による
ユーザ k の第 1 および第 2 固有値である。すなわち, ユーザ k の受信では, ユーザ k 用の送
信信号 $s^{(k)}(t)$ のみが受信できることがわかる。

ここまでは, $N_T = 4$, $N_R = 2$, $N_U = 2$ の場合における BD 法の手順を示したが, 送信
アンテナ数 N_T, 受信アンテナ数 N_R, ユーザ数 N_U が任意の数における一般的な BD 法の
手順を以下に示す。なお, BD 法を実現するためには, $N_T \geq N_R \times N_U$ の条件を満たす必要
がある。また, 簡単化のため, 各ユーザの受信素子数は同一とする。まず, ユーザ k ($k = 1$
$\sim N_U$) 以外のユーザ宛にユーザ k に送信する信号を送らないようにするため, 以下の行列
$\bar{H}^{(k)}$ を定義する。

$$\bar{H}^{(k)} = \begin{bmatrix} H^{(1)} \\ \cdots \\ H^{(k-1)} \\ H^{(k+1)} \\ \cdots \\ H^{(N_U)} \end{bmatrix} \tag{5.66}$$

式 (5.66) からわかるように, 行列 $\bar{H}^{(k)}$ は, チャネル行列 H からユーザ k に対するチャネ
ル行列 $H^{(k)}$ を抜き出した $(N_U - 1) \cdot N_R \times N_T$ の行列となる。ユーザ k 以外のチャネル行
列 $\bar{H}^{(k)}$ に対し, 特異値分解を行うと

$$\bar{H}^{(k)} = \bar{U}^{(k)} \bar{D}^{(k)} \left(\bar{V}^{(k)} \right)^H \tag{5.67}$$
$$= \bar{U}^{(k)} \begin{bmatrix} \bar{D}_s^{(k)} & 0_{(N_U-1) \cdot N_R \times (N_T - (N_U-1) \cdot N_R)} \end{bmatrix} \begin{bmatrix} \bar{V}_s^{(k)} & \bar{V}_n^{(k)} \end{bmatrix}^H \tag{5.68}$$

が得られる。ここで, $\bar{V}_n^{(k)}$ は, $\bar{H}^{(k)}$ の送信側における雑音部分空間に対応した固有ベク
トルとなる。$\bar{V}_n^{(k)}$ を用いるとユーザ k 以外では

$$H^{(1)} \bar{V}_n^{(k)} = \cdots = H^{(k-1)} \bar{V}_n^{(k)} = H^{(k+1)} \bar{V}_n^{(k)} = \cdots H^{(N_U)} \bar{V}_n^{(k)}$$
$$= 0_{N_R \times (N_T - (N_U-1) \cdot N_R)} \tag{5.69}$$

が成立し, $W^{(k)} = \bar{V}_n^{(k)}$ とすればブロック対角化が実現できる。

BD 法のように, ウエイト W がある値で一意に求めることができる指向性制御法を線形
制御法と呼ぶ。線形制御法としては, BD 法の他に, ZF 法や MMSE 法などが広く知られて
いる[25]。

5.5.2 非線形制御技術とユーザ選択法

ここでは，5.5.1 項における手法の改善手法として，非線形制御技術とユーザ選択法について解説する。

先に述べた ZF などの線形制御法では，干渉信号を完全に 0 にすることを可能とするが，所望信号の利得最大化は保証できていない。非線形制御法はこの問題を解決するために検討されている。図 **5.26** に線形制御法と非線形制御法による指向性形成（ユーザ 1 用）のイメージ図を示す。図（a）より，線形制御法ではユーザ 2 には信号は到来しない。この拘束条件のため，ユーザ間の到来方向が近い場合やユーザが近接する場合において，ユーザ 1 への指向性が最大方向とならない。一方，非線形制御法におけるユーザ 1 に対するウエイトは，ユーザ 1 への利得が最大となるように求められる。すなわち，ユーザ 2 に対しては指向性のヌルを形成しない。この条件を得るための最適条件は最大比合成である。ただし，このままではユーザ 2 に干渉が発生するので，送信側で送信信号をあらかじめ "加工" することにより，ユーザ 2 側では簡単な処理のみで，干渉信号を受けないようにすることができる。

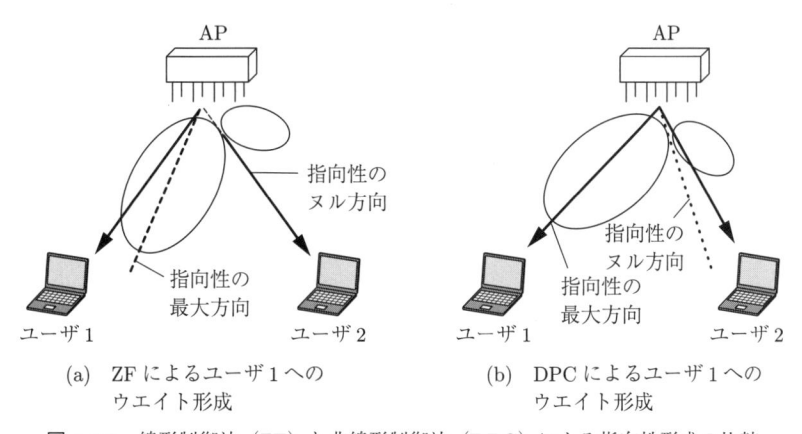

(a) ZF によるユーザ 1 への
　　　ウエイト形成

(b) DPC によるユーザ 1 への
　　　ウエイト形成

図 **5.26**　線形制御法（ZF）と非線形制御法（DPC）による指向性形成の比較

送信側で既知の干渉があらかじめわかっているとすると，受信側では干渉がない場合とまったく同じチャネル容量を実現できる符号が存在する。これは DPC（dirty paper coding）と呼ばれている[44]が，完全に DPC を実現できないため，近似的に DPC を実現するための手法が提案されている[50]~[53]。それらの文献を参照されたい。

MU-MIMO では，複数のユーザと AP が通信を行うことを特徴とするが，ユーザの総アンテナ数が AP のアンテナ数を超えると MU-MIMO 通信は実現できない。また，AP が選択するユーザの組合せにより MU-MIMO の特性は大きく変わることが知られている。ここでは，選択するユーザおよび使用するアンテナの選択を総括してユーザスケジューリングと呼ぶことにする。ユーザスケジューリングに関して，ここでは概要について説明する[45]~[49]。

　まず，ユーザスケジューリングの効果をイメージするために，**図 5.27** に，ユーザスケジューリングの効果が期待できる環境を示す。ここではユーザの総アンテナ数が AP のアンテナ数より多いために，AP は 3 人のユーザから 2 人のユーザを選ぶ必要があると仮定する。図（a）はユーザの空間的な分布に偏りがない場合を示し，図（b）は偏りがある場合を示している。図（a）のような環境では，ユーザ 1 と 2，2 と 3，3 と 1 のいずれを選んでも MU-MIMO の性能に大きさ差はないことになる。一方，図（b）のような環境では，ユーザ 1 と 2 を選択すると，それらの空間相関が高くなることが予想され，ユーザ 2 と 3，3 と 1 を選択した場合よりも特性が大幅に劣化することが想定される。これは，マルチユーザダイバーシチ効果と呼ばれる。このように，MU-MIMO ではユーザスケジューリングが非常に重要であり，いくつかの方法が提案されている。

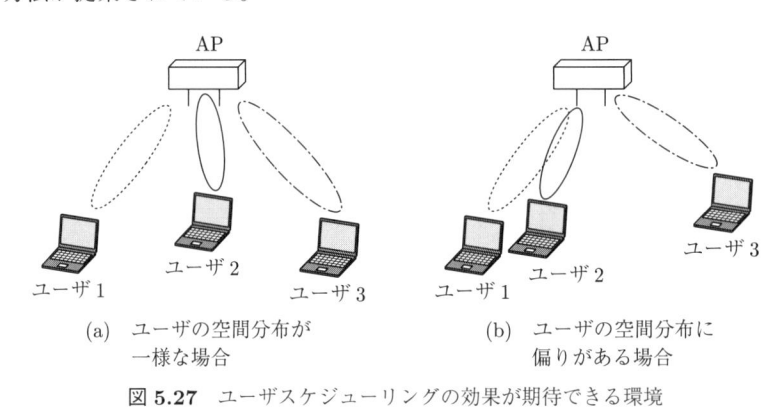

（a）　ユーザの空間分布が
一様な場合
（b）　ユーザの空間分布に
偏りがある場合

図 5.27　ユーザスケジューリングの効果が期待できる環境

5.6　PHY 層での SU/MU-MIMO 伝送の特性

　本節では，PHY 層での SU/MU-MIMO 伝送の特性を比較する。**図 5.28** は，$N_T = 4$，$N_R = 2$，$N_U = 2$ とした場合の SNR（signal to noise power ratio）に対する BER（bit error rate）特性を示す。トータルのビットレートを 8 bit/symbol とした。伝搬路は，i.i.d. レイリーフェージング[†] を仮定している。DPC は，$N_T = 4$，$N_R = 4$ で実現される固有モード伝送の特性から得た。まず，図からわかるように，線形制御法である BD 法の特性は DPC に比べ大きく劣化することがわかる。

　その対策として，図には，選択できるユーザ数の候補を変化させた場合の BER 特性の改善効果を示している。図において，表示しているユーザ数（N_U）は，ユーザ 1 以外のすべてのユーザ（2〜N_U）がユーザ 1 と組合せ可能であることを示している。よって，ユーザ数

[†]　independent and identically-distributed の略。

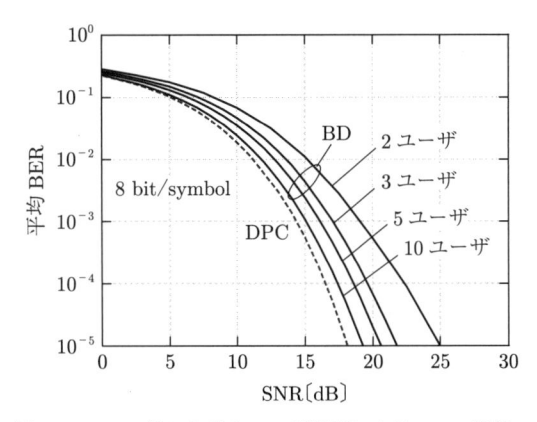

図 5.28 BD 法におけるユーザ選択による BER 特性の
改善効果（$N_T = 4$, $N_R = 2$, $N_U = 2$）

（N_U）に対しては $N_U - 1$ 通りのユーザの組合せが存在する。各ユーザの平均 SNR は同一と
している。図より，選択可能なユーザが 1 人増えるだけで，$BER = 10^{-3}$ における SNR が
2.5 dB 程度低減できる。さらに，選択できるユーザ数が 9 ユーザ存在すると，$BER = 10^{-3}$
における DPC からの SNR の劣化は 1 dB 以内となる。このように，ユーザスケジューリン
グは MU-MIMO において非常に有効な手段であるといえる。一方，ユーザスケジューリン
グをするためには，通常より多くの制御信号を必要とするため，ユーザスケジューリングと
性能に関してはトレードオフの関係が存在する。この点については，6 章で述べる通信効率
を考える上では非常に重要となる。

　図 5.29 は，$N_T = 8$, $N_R = 2$, $N_U = 4$ とした場合の BER 特性を，MU-MIMO（BD 法）
と SU-MIMO（固有モード伝送）で比較した。SU-MIMO では，その伝送を N_U ユーザ分の
時間で分けた場合の特性となる。図にはトータルのビットレートが 8, 16, 32 bit/symbol と
なる場合の特性を示した。図からわかるように，トータルのビットレートを 8, 16 bit/symbol

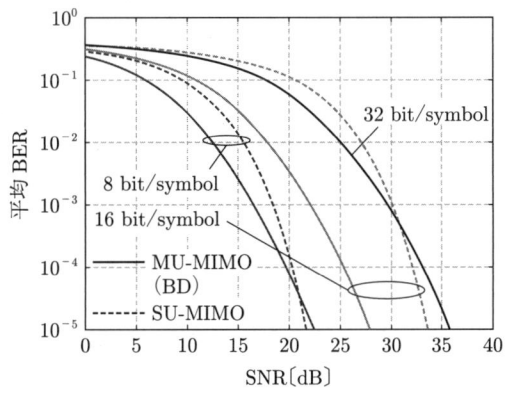

図 5.29 SNR に対する BER 特性（$N_T = 8$,
$N_R = 2$, $N_U = 4$）

とした場合において，BD 法により $BER = 10^{-3}$ における SNR を 2.5, 8 dB 程度低減できる。

なお，SU-MIMO において 32 bit/symbol でデータを送信するためには，1 本のアンテナ当り 16 bit/symbol のデータ送信が必要となる。このためには，65 536（$= 2^{16}$）QAM を使用することが必要となり，実用上は実現不可能である。よって，図には，SU-MIMO の場合の 32 bit/symbol の結果は図示していない。なお，MU-MIMO ではユーザ当りのビットレートは 8 bit/symbol（$= 32/4$）でよい。これは，各ユーザにそれぞれ 1 個のデータしか送信しないとしても，256 QAM の適用で実現可能となる。

5.7 Massive MIMO のコンセプトとチャネル容量

5.7.1 基本コンセプト

図 **5.30** に Massive MIMO のコンセプトを示す。Massive MIMO では，ユーザ数に対し，非常に多数の AP アンテナを用いることで，通信の信頼性や通信速度の向上を実現する。AP アンテナ数を N，ユーザ数を K とすると，$N \gg K$ の関係を有する。例えば，$N = 100$，$K \leq 10$ 程度を考える。Massive MIMO を下り回線に適用する場合は送信電力の低減を可能とし，上り回線に適用する場合は STA の消費電力を低減できる[26)~28)]。さらに，Massive MIMO では指向性が非常に狭くなるため，対象とするユーザ以外の干渉を自動的に回避できる効果を有する。

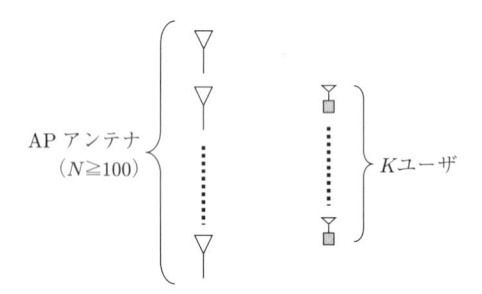

図 **5.30** Massive MIMO のコンセプト
（$N \gg K \gg 1$）

5.7.2 チャネル容量

MIMO のチャネル容量を C_{MIMO} とすると，先に述べたように，C_{MIMO} は以下の式で与えることができる[13), 14)]。

$$C_{\mathrm{MIMO}} = \log_2 \det \left(\boldsymbol{I}_{N_T} + \frac{P}{N_T \sigma^2} \boldsymbol{H}^H \boldsymbol{H} \right) \tag{5.70}$$

$$= \sum_k^J \log_2 \left(1 + \frac{P}{N_T \sigma^2} \lambda_k \right) \tag{5.71}$$

式 (5.70)，式 (5.71) において，N_T は送信アンテナ数，$\boldsymbol{H}$ は $N_R \times N_T$ の伝搬チャネル行列，N_R は受信アンテナ数，P は送信電力，σ^2 は熱雑音電力である。$\boldsymbol{I}_{N_R}$ は $N_R \times N_R$ の単位行列であり，$J = \min(N_T, N_R)$ である。ここで，$\min(a,b)$ は a，b のうちの最小の値を示す。λ_k（$k = 1 \sim J$）は伝搬チャネル行列の相関行列 $\boldsymbol{G} = \boldsymbol{H}^H \boldsymbol{H}$ の固有値である。

ここで，STA から AP へ送信する上り回線を考える。このとき，チャネル行列の各要素が分散 1，平均 0 でそれぞれ独立な複素ガウス乱数で与えられると仮定する。このように仮定したレイリーフェージングを i.i.d. レイリーフェージングと呼ぶ。このとき，AP のアンテナ数 N_R と STA アンテナ数 N_T の間で，Massive MIMO の条件となる $N_R \gg N_T$ の条件を仮定すると，伝搬チャネル行列の相関行列 $\boldsymbol{G} = \boldsymbol{H}^H \boldsymbol{H}$ は

$$\boldsymbol{G} = \boldsymbol{H}^H \boldsymbol{H} = N_R \boldsymbol{I}_{N_T} \tag{5.72}$$

と近似できる。式 (5.72) の関係を式 (5.21) に代入すると

$$C_{\mathrm{MIMO}} = \log_2 \det \left(\boldsymbol{I}_{N_T} + \frac{P}{N_T \sigma^2} N_R \boldsymbol{I}_{N_T} \right) \tag{5.73}$$

$$= N_T \log_2 \left(1 + \frac{P N_R}{N_T \sigma^2} \right) \tag{5.74}$$

と変形される。この式から明らかなように，伝搬チャネル行列 $\boldsymbol{H}$ はチャネル容量に影響を与えないことがわかる。またこの式は，受信アンテナ数を N_R とする SIMO（single input multiple output）のチャネル容量（ただし，送信アンテナ数 N_T で SNR は規格化される）の N_T であることが確認できる。これは，N_T 本の送信データを干渉なく完全に並列で伝送できることを意味する。

Massive MIMO の効果を固有値分布とチャネル容量の観点から明らかにする。**図 5.31** に，平均 $SNR = 20\,\mathrm{dB}$，送信 8 素子，受信 8 素子および 100 素子の場合の相関行列 $\boldsymbol{G}$ から得られる固有値分布を示す。伝搬路は i.i.d. レイリーフェージングを仮定した。$(N_T, N_R) = (8, 8)$ は，ちょうど IEEE 802.11ac や LTE-Advanced で規定される MIMO 最大のアンテナ数であるため，この値を参照値とした。まず，$(N_T, N_R) = (8, 8)$ の場合，最大固有値の分布は急峻であり変動が少ないのに対し，最小固有値の分布は非常に幅が広い。このような固有値分布を持つ場合，最小固有値が MIMO 伝送に大きく悪影響を与える。これに対し，$(N_T, N_R) = (8, 100)$ の場合，すべての固有値分布が急峻となっていることがわかる。これは，アレーアンテナの自由度が最小固有値に対しても 90 以上も存在するため，ダイバーシチ効果が得られフェージ

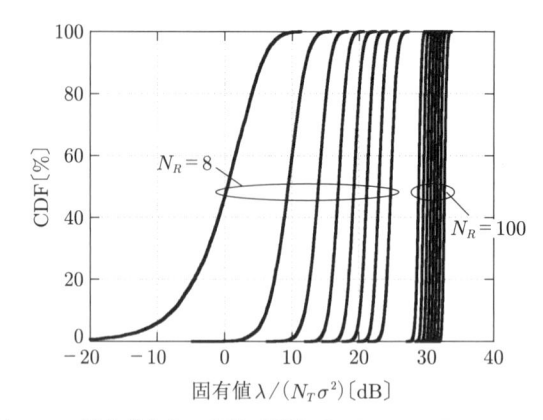

図 5.31　固有値分布の比較（平均 $SNR = 20\,\mathrm{dB}$, $N_T = 8$, $N_R = 8$ および $N_R = 100$ の場合）

ングの影響をほぼ受けない分布が得られる。

図 5.32 に，式 (5.21) におけるシャノンのチャネル容量と MIMO の復号アルゴリズムとして知られている ZF による達成可能な伝送レートを比較した結果を示す。パラメータは図 5.31 と同じである。まず，$(N_T, N_R) = (8, 8)$ の場合，ZF の達成可能な伝送レートはシャノン容量に遠く及ばないことが確認できる。これは，最小固有値が ZF の性能に大きな影響を与えるためである。一般にこの特性を改善するため，SIC（successive interference cancellation）や MLD（maximum likelihood detection）のような手法が検討されている。どの手法を利用するかは，性能と計算量のトレードオフを考慮する必要がある。一方，$(N_T, N_R) = (8, 100)$ の場合，チャネル容量は $N_R = 8$ の場合に比べ SNR の改善効果により，累積確率関数（cumulative density function：CDF）=50% 値で約 38 bps/Hz の改善が得られている。ZF の達成可能な伝送レートはシャノン容量にほぼ一致する。ZF では逆行列を必要とするため，$O(N^3)$ オーダーの乗算回数を必要とするが，$N_T \ll N_R$ の条件を満たす場合，このオーダーを $O(N^2)$ に

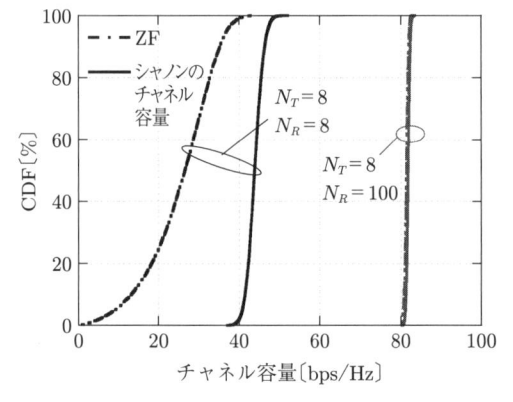

図 5.32　チャネル容量分布の比較（平均 $SNR = 20\,\mathrm{dB}$, $N_t = 8$, $N_R = 8$ および $N_R = 100$ の場合）

する手法が提案されている。すなわち，Massive MIMO は信号処理を簡易化できることがこの結果からわかる。これが，Massive MIMO の性能を語る上で最も重要な効果であるといえる。なお，Massive MIMO を想定した場合，干渉除去をまったく行わない MRC（maximum ratio combining）では，ZF に比べて伝送レートが遠く及ばないことが報告されている[27]。

5.8　MAC 制御を考えた場合の課題とその改善手法

これまでの説明では，SU/MU-MIMO における伝搬チャネル行列は，理想的に推定されるという仮定のもとに説明を行ったが，実際は理想的に伝搬チャネル行列を推定することは難しい。また，伝搬チャネル行列の情報を得るためには，AP と STA で情報のやりとりが必要であり，MAC 制御まで考える必要がある。ここで，伝搬チャネル情報の推定は一般に CSI（channel state information）推定と呼ぶことが多いため，以下，CSI 推定という説明で統一する。ここでは，CSI を取得するための具体的なスキームを説明する。特に，送信指向性制御を用いる場合，STA から AP に CSI をフィードバックすることが一般的には必要とされ，それによる通信効率が著しく低下することを示す。また，この改善手法として，CSI フィードバックの削減手法[54]~[64] および CSI フィードバックを不要にする手法（インプリシットビームフォーミング）[40] を紹介する。

5.8.1　CSI フィードバックの問題点

図 5.33 に CSI フィードバックを考慮した MU-MIMO のフレーム構成の例を示す。図において，AP アンテナ数と STA アンテナ数をそれぞれ N_T，N_U とする。簡単化のために，STA ごとのアンテナ数（N_R）は 1 とする。まず，MU-MIMO では通信を開始する前に，通信 STA を確定させるための制御信号を送信する（図の時間 A）。AP が CSI を取得するために，AP のアンテナ 1~N_T から，時分割で 1~N_U 番目の STA に制御信号を送信する（図の時間 B）。各 STA はこの情報を用いて CSI を推定し，CSI を AP にフィードバックする（図の時間 C）。MU-MIMO において AP アンテナ数を増加させる場合（Massive MIMO[40),72)]）やユーザスケジューリング[45] のために，ユーザ数が増加すると，CSI のフィードバック量は膨大となる。文献[40] の結果によれば，AP アンテナ数を 64 とするとき，IEEE 802.11ac 規格におけるオーバヘッド量を算出すると，その値は数十 ms になることが報告されている。無線 LAN の 1 回のパケット伝送が数 ms 内で収めることを鑑みると，これは伝送速度向上のための大きな足かせになるだけでなく，制御信号の長さとしては，もはや現実的とはいえない。

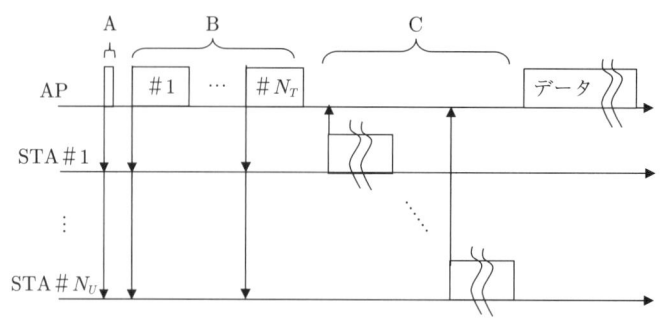

A：通信を始めるための制御信号
B：STA での CSI 推定のための制御信号
C：STA から AP への CSI フィードバック

図 5.33 CSI フィードバックを考慮した MU-MIMO のフレーム構成

5.8.2　伝送効率改善手法

　前項で述べたように，CSI フィードバックは SU/MU-MIMO における伝送効率を低下させる要因となるため，この情報量を削減する手法が検討されている[64]。最もシンプルな方法として，複数のウエイトの候補をあらかじめ用意する手法で，これはコードブックと呼ばれる[1]。コードブックは，CSI フィードバックの量を削減するのではなく，あらかじめ複数のウエイトの候補を用意しておき，受信側で推定した伝搬チャネル行列から最も適切なコードブックを選択し，そのインデックス番号をフィードバックする。コードブックを選択する手法は LTE で標準化されている[1]。

　CSI フィードバックを圧縮する手法として，受信側で取得した伝搬チャネル行列を時間領域に変換し，この情報から CSI フィードバックを行う方法が提案されている[64]。本手法の概念図を**図 5.34** に示す。現在の高速伝送を実現するシステムでは OFDM が採用されており，OFDM を用いる場合は，サブキャリアごとに CSI が推定される。周波数軸で推定された CSI を IFFT（inversed FFT）を用いて時間軸への情報に変換する。これにより得られた情報は伝搬チャネルの遅延プロファイルに相当し，遅延時間が長くなるとその成分の電力は小さい。そこで電力の高い時間成分のみをフィードバックすることで，CSI のフィードバック量を周波数軸の場合のそれよりも大きく削減することができる。なお，IFFT は OFDM を用いる装置には使用されており，そのまま流用することができる利点もある[64]。

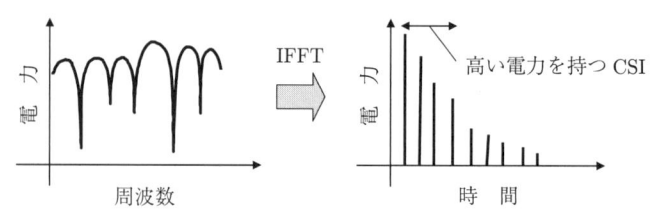

図 5.34 CSI 圧縮のための周波数領域から時間領域への変換

　もう一つの伝送効率改善手法として，STA 側からの制御信号を AP が受信し，その情報で CSI を推定する手法が提案されている[40]。そのフレーム構成を**図 5.35** に示す。この考えは，送信と受信の周波数が同じとなる TDD（time division duplex）システムで有効であり，送受信の伝搬チャネル応答の可逆性を利用するものである。具体的には，AP の装置内の送受信機の伝達関数の差を補正するキャリブレーション技術で解決できる[40],[68]～[72]。この方法の最も重要な特徴は，図 5.33 の大部分を占める時間 C を完全になくすことができる。これにより，Massive MIMO において大幅に伝送効率を向上できることが報告されている[40]。また，この手法はユーザスケジューリングを適用する環境でも有益となる。

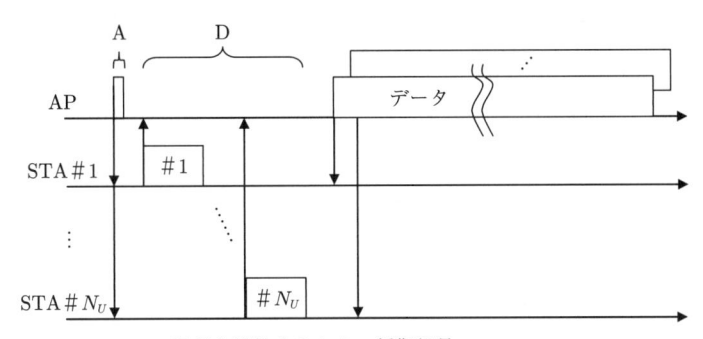

A：通信を開始するための制御信号
B：AP で CSI を推定する制御信号

図 5.35　インプリシットビームフォーミングによる
　　　　　 MU-MIMO のフレーム構成

6 | 無線 LAN における MIMO の性能評価

6.1 無線 LAN における MIMO 伝送方法（SU/MU-MIMO）

SU/MU-MIMO は，図 4.13 でアクセス制御手順の詳細は説明しているが，図 5.33 で解説されているように，送信手順においてオーバヘッドが影響し，伝送効率が低下する課題が挙げられている。これらを解決する方法は，5.8.2 項で詳しく解説されている。この他にも従来から検討されている SU/MU-MIMO の多くの課題が検討されており，その改善を図った技術などが提案されている。

そこで，本節では，文献[74] をもとに，SU/MU-MIMO に関連する研究をサーベイしたので概要のみであるが紹介する。従来の MIMO 技術の典型的な評価，検討では MAC 層の技術と PHY 層の技術は個別に評価されてきた。しかし，本節で紹介する研究は，PHY 層だけでなく MAC プロトコルを含む伝送方式の評価，検討がされたものである。MIMO 技術の特徴として，PHY 層の性能が高いならワイヤレスシステム全体としてのスループット，遅延，伝達効率などの性能が十分得られるとは限らない。一方，MAC 層だけの性能が PHY 層の技術を無視して評価することも当然，妥当ではない。したがって MAC 層と PHY 層の両方の組合せを評価することが，MIMO 伝送を利用する無線 LAN システムの性能を確認することになる。

6.1.1 伝送速度における MAC プロトコルの研究

文献[76] では，パケット衝突を減少させる方法が提案されており，評価条件は ZF（zero forcing）法を用いた場合の伝送速度が選択され，MAC 層のスループットとして評価されている。しかし提案されているアクセス制御方式は 802.11 規格と異なり，大きな改良が必要な技術であり，実装も現実的には難しい方式と考えられる。

文献[77] では，アップリンクトラヒックモデルの SU/MU-MIMO において，MCS インデックスのスループット特性が比較されている。しかしながら文献[77] では，CSI フィードバックが使用されていないので SU-MIMO が固有モードなしで SDM が扱われることと考えら

れる。CSI フィードバックと MU-MIMO のチャネル容量とのトレードオフ関係は文献[78]で説明されている。しかしながら，MAC プロトコルを簡易的（正確な動作ではない）に導入した評価のため，無線 LAN システムの伝達効率は明確ではない。また文献[78]は，ネットワーク構成や伝搬状態のパラメータが未定義の条件で，伝送速度と CSI フィードバックを含む MU-MIMO の性能が評価されている。これらの文献に関連する確認評価として MCS インデックスに対するスループットと伝送効率は 6.3.1 項で詳しく解説する。

6.1.2 フレームアグリゲーションに関する研究

つぎにフレームアグリゲーションに関連した MAC 層の伝送効率を向上させるための論文を紹介する。文献[79]では，フレームアグリゲーションに用いるデータを蓄積するバッファについて検討し，評価されている。この論文では，アグリゲーション長（データサイズ）は固定された条件でスループットの特性が確認されている。またフレームアグリゲーションサイズが変更された場合の MCS インデックスに対するスループット特性が評価されている。文献[80]はフレームアグリゲーションと連携した STBC（space time block code）による MU-MIMOの効果について確認されている。また文献[80]は複数のユーザへ送信する新しいフレームアグリゲーションが提案されている。しかし，この方法は 802.11 規格において採用はされなかった手法である。その理由としては，異なった STA へ 1 ストリームで伝送することは制御が非常に複雑となり，サービスとしての実現が難しくなるためと考えられる。6.3.2 項では 802.11規格に従ったアグリゲーションフレーム長の変更を行い評価した結果を説明する。

6.1.3 CSI フィードバックを含む伝送効率の研究

CSI フィードバックによるオーバヘッドを含む性能を評価した論文を紹介する。文献[81]は，CSI フィードバックによるオーバヘッドの影響より，チャネル推定の誤りが MU-MIMO 伝送のスループットに対して支配的に減少させることを述べている。しかしながら，この論文ではスループットは数台の STA を対象に評価されている。一般的な無線 LAN の評価では，STA の接続数は少なくとも数十台が想定され，すべての STA が MU-MIMO のための CSIフィードバックを実施するので，CSI フィードバックによるオーバヘッド時間は膨大になる。すなわち，一般的なネットワーク構成で評価する必要がある。一方で，CSI フィードバックを含む性能は，文献[82]でも評価されている。しかし，この論文でも CSI フィードバック手順が特定の STA のために実施されるだけなので，これらの論文の評価結果は公平な評価とはいえない。そこで，6.3.3 項では CSI フィードバックと STA の接続台数に関する評価を行い CSI フィードバックの影響について説明する。

6.1.4　伝送距離に関する研究

最後に，伝送距離に対する SU-MIMO と MU-MIMO のシステム性能を評価した論文を紹介する。文献[83]~[87] は，MAC 層と PHY 層の両方の技術を考慮し，伝送距離に応じたパケット誤りが含まれた際のスループットの特性について評価されている。しかし，文献[83] と文献[84] は CSI フィードバックなどが簡易的な手順を用いており，802.11 規格の無線 LAN としては正確に評価されているとはいえない。またパケット誤りの発生は，伝搬特性に従うものではなく，一様分布による誤りでモデル化されている。関連して文献[84] は，MU-MIMO の STA 選択（ビーム選択）アルゴリズムとして，簡易リストによるランダムな選択としている。その他の文献[85]~[87] は文献[84] で引用されている論文である。

文献[88] は，PHY 層と MAC 層が別々に評価されている。PHY 層の評価では，SNR とチャネル容量は ZF 法を用いて評価されている。MAC 層の評価では，衝突確率はアップリンクトラヒックのときにマルコフ連鎖モデルによって理論的に分析されている。さらに STA 台数に対するスループットおよび遅延が評価されている。しかし，これらの評価には CSI フィードバックの手順が含まれていないため，無線 LAN の性能を評価する上で十分ではない。マルコフモデルは，Bianchi[75] らによって MAC スループットの理論解析でしばしば用いられている。マルコフモデルのおもなパラメータは，送信確率と衝突確率である。有線ネットワークでは，伝送速度がほとんど一定であるのでマルコフモデルは十分な評価が行える。しかし，無線通信では伝送距離あるいは伝搬環境に従って，伝送速度は異なる。このためマルコフモデルを使用する理論解析では，綿密な分析は難しいかもしれない。SU-MIMO 伝送の評価に使用される固有モード伝送を考えているとき，伝送速度が各ストリームで異なっているので，SU-MIMO のためのマルコフモデルに改良する必要がある。しかしそれは非常に複雑な計算方法になると考えられる。

文献[89] は，802.11ac 規格と異なる MU-MIMO のための新しい MAC プロトコルが提案されている。PHY 層は受信電力の計算から伝送速度を選択し，MAC 層は理論的マルコフ連鎖モデルを使用することで算出している。しかし，この論文でも単に理論解析で評価されているため信頼性は文献[88] 同じく十分とはいえないと考えられる。

6.2.4 項では，それぞれのストリーム（またはアンテナごと）の MCS インデックスが SNR から選択（AP と STA 間の距離から SNR で算出された伝搬損失を求める）され，PHY 層と MAC 層が含まれたシステムとしてのスループット特性を評価し，その結果を解説する。またこれらの評価をまとめて，各 MIMO の伝送方式の適用領域について議論する。

6.2　PHY/MAC 総合評価ツールの概要

本節では，無線 LAN 環境を想定して，PHY/MAC の両方を考慮した場合の SU-MIMO と MU-MIMO のスループット特性を評価することを目的としている。ここでは，作成したツールの概要と計算条件について述べる。信号は IEEE 802.11ac の信号に準拠した方法で評価を行った。以下，各項目ごとの詳細について述べる。

6.2.1　平均受信電力の決定

まず，AP と STA の送受信距離 d が与えられた場合の平均受信電力を決定する。ここでは，屋内における伝搬損失を仮定した際における受信電力を決定する。図 **6.1** にフリスの伝達公式を用いた受信電力の求め方を示す。送受信電力をそれぞれ P_t, P_r，送受信のアンテナ利得をそれぞれ G_t, G_r とする。また，伝搬損失を L とする。このとき，フリスの伝達公式を用いると P_r は

$$P_r = \frac{P_t G_t G_r}{L} \tag{6.1}$$

で与えることができる。ここで，伝搬損失の範囲は一般に非常に大きいため，リニアスケールでは受信電力の大小関係を判別することが難しく，一般に受信電力は dB（デシベル）の単位で表現される。式 (6.1) を dB 表現として表すと

$$P_r = P_t + G_t - L + G_r \quad \text{〔dB〕} \tag{6.2}$$

となる。

図 **6.2** に dB 単位でのフリスの伝達公式を用いた受信電力を求め方を示す。図に示すように，送受信電力はそれぞれ dBm という単位を，アンテナ利得は dBi という単位を用いる。

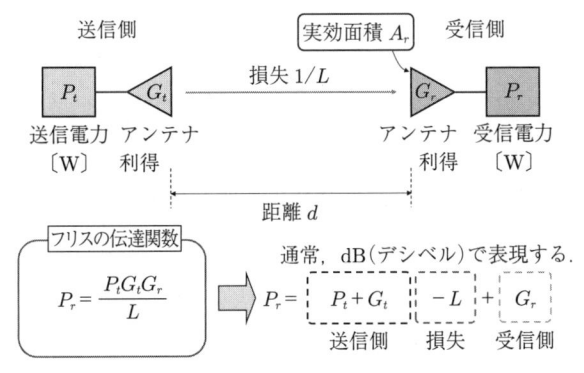

図 6.1　フリスの伝達公式を用いた受信電力の求め方
（リニアスケールによる表現）

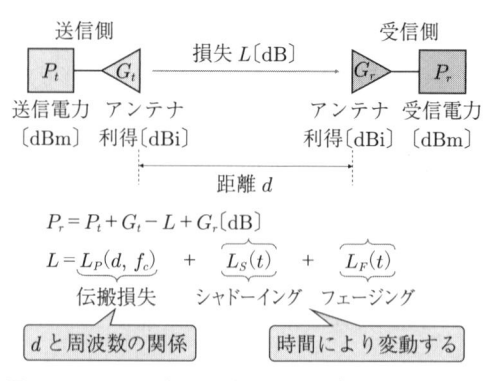

図 6.2 フリスの伝達公式を用いた受信電力の求め方
（dB による表現）

dBm は 1 mW を 0 dBm という基準として用いる単位であり，例えば 1 W（= 1 000 mW）は，$10 \log_{10} 1\,000 = 30\,\text{dBm}$ となる。また，dBi という単位は，等方性アンテナの利得を 1（0 dBi）とした場合の相対的な利得を表す単位である。例えば，ダイポールアンテナの利得は 2.14 dBi であることが知られている。また，図に示しているように，実際の損失 L は伝搬損失だけでなく，STA の移動によるシャドーイングやフェージングを考慮しないといけないが，ここでは平均受信電力を求めることが目的であるため，伝搬損失のみに着目する。

つぎに，具体的な伝搬損失の求め方について解説する。送受信の間に反射波が存在しない場合は，自由空間伝搬損失 L_{free} が用いられ

$$L_{\text{free}} = 20 \log_{10} d + 20 \log_{10} f_c + 20 \log_{10} \left(\frac{4\pi}{c} \right) \quad \text{〔dB〕} \tag{6.3}$$

で与えられる。ここで，f_c は周波数で単位は Hz である。c は光の速度で 3.0×10^8〔m/s〕である。ここで，式 (6.3) を見ると，伝搬損失式は一般的に

$$L = 10 \times \alpha \log_{10} d + \beta \quad \text{〔dB〕} \tag{6.4}$$

の形で与えることができることがわかる。一般に，伝搬損失は $10 \log_{10} d$ にかかる係数 α を傾きとし，周波数の関数である β を初期値とした関数で表現できる。自由空間伝搬損失の場合は $\alpha = 2$ となるが，一般の屋外の移動通信における α の値は 3～4 であることが知られている。比較的高い場所に配置された AP と低所の STA 間で見通し外環境を想定する場合は，$\alpha = 3.5$ という値が広く用いられている。また，この値は実際はアンテナの高さや周辺の建物環境などで決定される。代表的なモデルとして，奥村・秦式が知られているが，その他にもさまざまな環境に対応した伝搬損失式が提案されている。

さて，今回の計算では，無線 LAN を対象とするため，屋内の伝搬損失式を必要とする。屋内の伝搬損失式として，ITU-R P1238-4[73] のモデルが広く用いられており，本書でもこのモデルを採用する。ITU-R P1238-4 の伝搬損失式は

$$L_{\text{Indoor}} = 10 \times \alpha \log_{10} d + 20 \log_{10} f_c + 20 \log_{10} \left(\frac{4\pi}{c} \right) + L_f(n) \quad \text{〔dB〕} \quad (6.5)$$

で与えることができる。L_f は床，天井，壁の通過による付加損失であり，括弧内の n は通過した回数を表す。伝搬損失係数 α と L_f の値は測定結果よりその値が提示されている。**表 6.1** に α と L_f の値の例を示す。また，本評価では，L_{Indoor} の値を式 (6.2) における L の代わりに用いることで，受信電力 P_r を得ることができる。

表 6.1 ITU-R P1238-4 モデル[73] における伝搬損失
係数（L_f）と付加損失（α）

	集合住宅内		戸建て住宅内		オフィス内	
周波数〔GHz〕	2.45	5.2	2.45	5.2	2.45	5.2
α	2.8	3.0	2.8	2.8	3.0	3.1
L_f	10	13	5	7	14	16

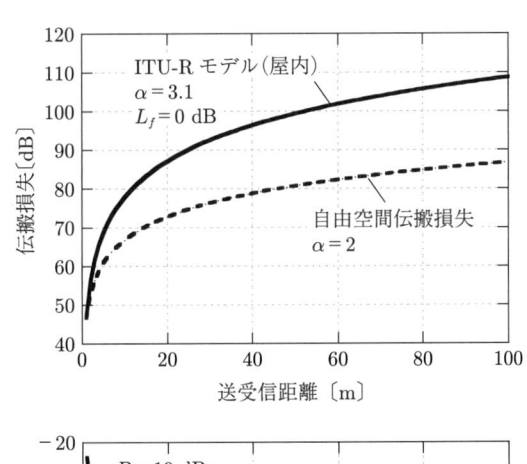

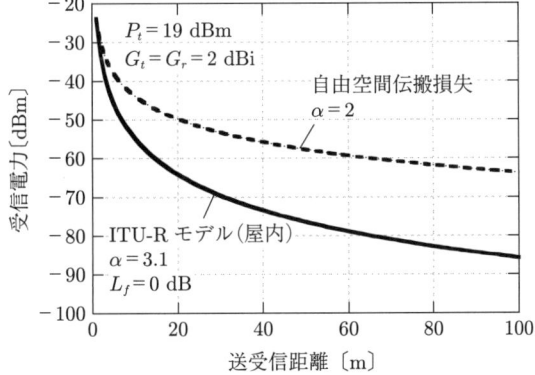

図 6.3 式 (6.3) と (6.5) による伝搬損失と受信電力
の比較（周波数：5.2 GHz）

図 **6.3** に，式 (6.3) と (6.5) による伝搬損失と受信電力を比較した一例を示す。図において，周波数は IEEE 802.11ac で使用されている 5.2 GHz とした。部屋の中を想定し（$L_f = 0$ dB），α の値として表 6.1 のオフィス内の値である 3.1 を用いた。自由空間伝搬損失では，先に示したように $\alpha = 2$ である。受信電力を得るために，式 (6.2) において，$P_t = 19$ dBm，$G_t = G_r = 2$ dBi とした。

図から明らかなように，両者の間では伝搬損失が大きく異なることが分かる。例えば，送受信距離を 50 m とすると，両者の損失は 20 dB 程度存在する。受信電力に着目すると，例えば IEEE 802.11a の最低受信感度は 82 dBm であるが，屋内の伝搬モデルを用いた場合，約 60 m 程度で受信電力が -80 dBm 以下となり，これ以上の送受信距離では通信が厳しくなることが想定される。このように，厳密な特性評価を行うためには，屋外・屋内などの実際の環境に即した伝搬モデルを適用することが重要であることが確認できる。

6.2.2 平均 SNR の決定

SU/MU-MIMO のみならず，実際の通信システムを評価する上では SNR が必要となる。通常，SNR に対する BER 特性や，SNR を変化させた場合のエラーフリーとなるビットレートを評価することが一般的な通信方式の評価法として知られている。しかしながら，熱雑音電力は受信機の低雑音電力増幅器（LNA）によって決定されるが，これは使用する装置の性能や温度特性に大きく依存し，熱雑音電力を一般的に与えることは難しいと考えられる。一方，無線 LAN の標準化では，使用できる変調方式と最低受信感度が規定されている。一例として，表 **6.2** に IEEE 802.11a（帯域：20 MHz）で使用される変調方式・符号化率と最低受信感度（$R_{\min}$）および伝送レート（TR）の関係を示す。

本書では，表 6.2 における最低受信感度（$R_{\min}$）と SNR の関係を求め，この関係を用いて SU/MU-MIMO の評価で使用する。最低受信感度とは，誤り訂正まで含めた BER を計

表 **6.2** IEEE 802.11a で使用される変調方式・符号化率と最低受信感度（$R_{\min}$）および伝送レート（TR）の関係

変調方式	符号化率	$R_{\min}$	TR〔Mbps〕
BPSK	1/2	-82	6
BPSK	3/4	-81	9
QPSK	1/2	-79	12
QPSK	3/4	-77	18
16 QAM	1/2	-74	24
16 QAM	3/4	-70	36
64 QAM	2/3	-66	48
64 QAM	3/4	-65	54

算した際にエラーフリーとなる SNR に相当する。そこで，SISO 伝送において，3章で説明した IEEE 802.11a の PHY 層における実際の信号を考慮した BER 特性を計算する。その結果を図 **6.4** に示す。図に示すように，変調方式の多値化と符号化率を上げることで，より高い SNR が必要となることが確認できる。

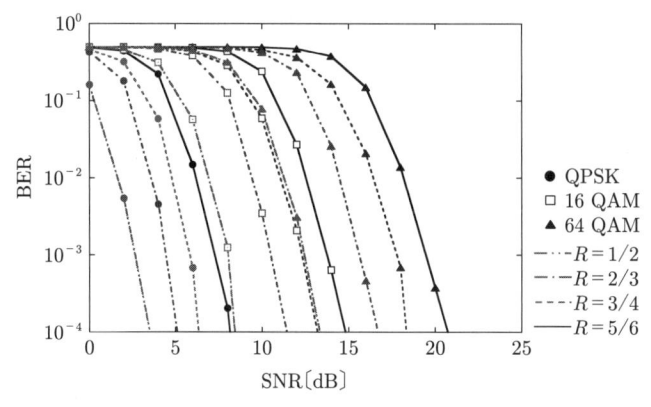

図 6.4 IEEE 802.11a の PHY 層における
BER と SNR の関係

つぎに，この結果を用いて，BER がエラーフリーとなる SNR を求める。図 **6.5** に SNR と表 6.2 の伝送レートの関係を示す。図から明らかなように両者の関係はほぼ直線の関数として近似できる。例えば，12 Mbps（QPSK，$R = 1/2$）の場合のエラーフリーとなる SNR は 6 dB である。そうすると，このときの最低受信感度（$R_{\min}$）は -79 となる。図を直線の関数で近似すると，SNR と $R_{\min}$ に間は以下の関係式が存在することがわかる。

$$SNR = R_{\min} + 85 \tag{6.6}$$

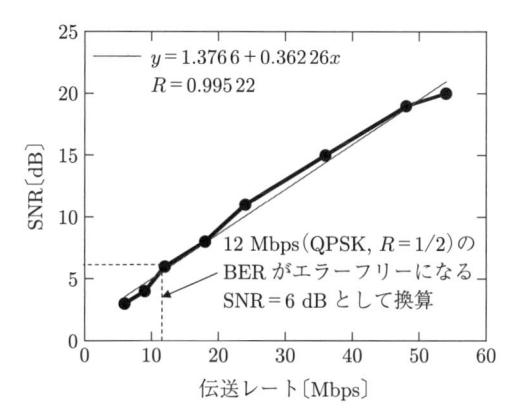

図 6.5 IEEE 802.11a の PHY 層における
SNR と伝送レートの関係

この式を用いると，前項での送受信距離 d から得られる平均受信電力より平均 SNR を換算することができる。また，受信機の性能の情報（＝熱雑音の情報）を考慮せず，無線 LAN 伝送の評価における平均 SNR が決定できる。

6.2.3　SU/MU-MIMO 伝送による PHY 層の伝送速度の決定

前項より，送受信距離 d を与えた場合の平均 SNR を求めることが可能となった。平均 SNR が求まれば，あるフェージング環境を仮定した SU/MU-MIMO 伝送の性能評価は容易に行うことができる。本書では，フェージング環境としては SU/MU-MIMO 通信にとって理想的な環境である i.i.d. レイリーフェージング環境を採用した。SU/MU-MIMO 伝送の手法としてそれぞれ 5 章で紹介した EM-BF 法と BD 法を用いる。

5 章で説明したように，EM-BF 法と BD 法は SU/MU-MIMO 伝送の代表的な手法であるとともに，これらの手法は CSI から得られる固有値がその性能を決定することが大きな特徴である。EM-BF 法と BD 法による固有値の累積分布特性を図 **6.6** に示す。送信アンテナ（N_T），受信アンテナ（N_R），ユーザ（N_U）数はそれぞれ，4，2，2 としている。また，$SNR = 20\,\mathrm{dB}$ のときの特性を示している。また，図は，固有値そのものではなく，固有値から $N_T\sigma^2$ を割った値を用いており，この値が EM-BF 法と BD 法の SNR に相当する。ここで σ^2 は熱雑音電力である。図より，EM-BF 法のほうが BD 法よりも高い固有値を得ることが確認される。これは，BD 法では他ユーザに指向性のヌルを形成するためである。ただし，BD 法では 2 ユーザと通信が可能となることに注意されたい。

EM-BF 法と BD 法における固有値を計算することで SNR を得ることができる。先に示したように，SNR が求まれば，式 (6.6) の関係より，最低受信感度を求めることができる。

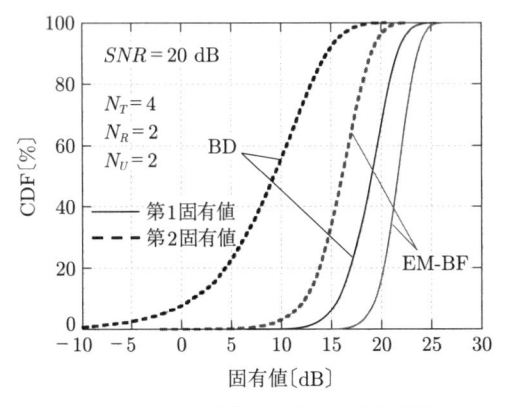

図 **6.6**　EM-BF 法と BD 法による固有値の
累積分布特性

最低受信感度が求まると変調方式を得ることができ，PHY 層における伝送速度を得ること
ができる。

6.2.4 CSI フィードバックによるオーバヘッドの計算

ここまでは PHY レベルでの伝送レートを求める手法を説明した。IEEE 802.11ac におい
て，MAC ヘッダを考慮するための詳細については，2 章で説明しているのでそちらを参照
されたい。ここでは，CSI フィードバックによるパラメータについて述べる。CSI フィード
バックの BR（beamforming report）フレームは，接続する STA 数やアンテナ数などに依
存してフレームのサイズが変更される。N_g は N_s と N_a で決まるパラメータである。BR の
サイズは，SU-MIMO の場合，**表 6.3** を用いて算出し，MU-MIMO の場合は，**表 6.4** も含
めて算出される。BR に含まれる，VHT_CBR（compressed beamforming report）フィー
ルドの VHT_CBR サイズは

$$VHT\_CBR\_size = 8 \times N_c + N_s \times N_a \times \frac{b_\psi + b_\phi}{2} \quad \text{[bit]} \tag{6.7}$$

表 6.3 BR フレームの VHT_CBR サイズ算出パラメータ

(a) N_a：Number of angles

N_c ＼ N_r	1	2	3	4	5	6	7	8
1		2	4	6	8	10	12	14
2		2	6	10	14	18	22	26
3			6	12	18	24	30	36
4				12	20	28	36	44
5					20	30	40	50
6						30	42	54
7							42	56
8								56

N_r：Number of rows（AP アンテナ本数）
N_c：Number of columns（STA アンテナ本数）

(b) N_s：Number of subcarriers

帯域幅	N_g		
	1	2	4
20 MHz	52	30	16
40 MHz	108	58	30
80 MHz	234	122	62
160 MHz	468	244	124
80 + 80 MHz	468	244	124

(c) コードブック

コードブック	SU		MU	
	b_ψ	b_ϕ	b_ψ	b_ϕ
0	2	4	5	7
1	4	6	7	9

表 6.4 BR フレームの MU_EBR サイズ
算出パラメータ

N_s'：Number of subcarriers

帯域幅	N_g		
	1	2	4
20 MHz	30	16	10
40 MHz	58	30	16
80 MHz	122	62	32
160 MHz	244	124	64
80 + 80 MHz	244	124	64

であり，MU_EBR（exclusive beamforming report）フィールドの MU_EBR サイズは

$$MU\_EBR\_size = 4 \times N_s' \times N_c \quad 〔\text{bit}〕 \tag{6.8}$$

となる。これらを合わせた BR フレームサイズは

$$BR\_size = VHT\_CBR\_size + MU\_EBR\_size \quad 〔\text{bit}〕 \tag{6.9}$$

となる。ただし，SU_MIMO の場合は MU_EBR サイズは 0 となる。

最後に，これまでの項で説明した計算の流れを**図 6.7** にまとめる。

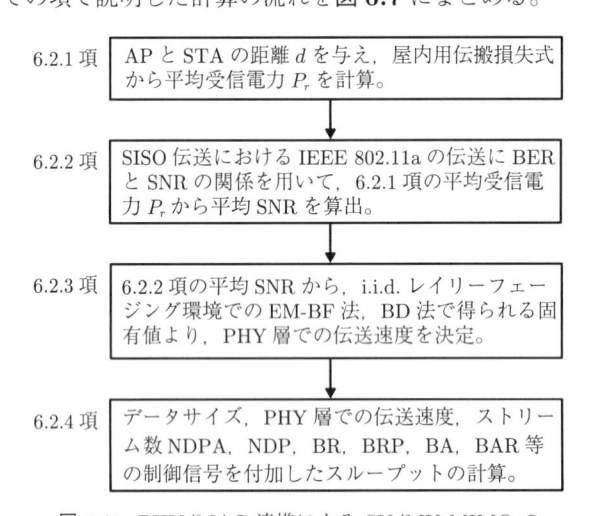

6.2.1 項	AP と STA の距離 d を与え，屋内用伝搬損失式から平均受信電力 P_r を計算。
6.2.2 項	SISO 伝送における IEEE 802.11a の伝送に BER と SNR の関係を用いて，6.2.1 項の平均受信電力 P_r から平均 SNR を算出。
6.2.3 項	6.2.2 項の平均 SNR から，i.i.d. レイリーフェージング環境での EM-BF 法，BD 法で得られる固有値より，PHY 層での伝送速度を決定。
6.2.4 項	データサイズ，PHY 層での伝送速度，ストリーム数 NDPA，NDP，BR，BRP，BA，BAR 等の制御信号を付加したスループットの計算。

図 6.7 PHY/MAC 連携による SU/MU-MIMO の
スループットの計算フロー

6.2.5 シミュレーション条件

表 6.5 に主要な計算条件を示す。送信アンテナ数（N_T）は，4, 8, 16, 64 とした。また，受信アンテナ数（N_R）は 1，ユーザ数（N_U）は 4 とした。すなわち，ユーザ当りの送信データ数は 1 となる。MU-MIMO において送信アンテナ数が受信アンテナ数×ユーザ数よりも多くなると，ビームフォーミングゲインにより PHY 層における伝送速度が大きく向上し，サー

表 **6.5**　計算条件

送信アンテナ数（N_T）	4，8，16，64
受信アンテナ数（N_R）	1
ユーザ数（N_U）	4
周波数（f_c）	5 200 MHz
帯域幅	40 MHz
伝送距離（d）	1〜50 m
伝搬損失（L）	$31 \log_{10}(d) + 20 \log_{10}(f_c) - 28$
送受信電力	19 dBm
アンテナ利得	2 dBi
NPDA （null data packet announcement）	64〜76 µs
NDP（null data packet）	52（$N_T = 4$），292（$N_T = 64$）µs
NDP（for implicit beamforming）	40 µs
BR（beamforming report）	62（$N_T = 4$），450（$N_T = 64$）µs
BA（beamforming ACK）	44 µs
BAR（beamforming ACK request）	44 µs
フレームアグリゲーション	5 000〜40 000 byte

ビスエリアを増大することができる。しかし，アンテナ数の増大は CSI 取得数の増大にもつながる。特に CSI フィードバックを適用する場合は，通信効率の低下につながることが予想される。本検討では，表に示す IEEE 802.11ac で規定されるパラメータを用いて，MAC レベルでのスループットを評価した。

SU/MU-MIMO における評価モデルを**図 6.8** に示す。本評価では，SU-MIMO では以下，単純に MIMO と呼び，伝送方式には固有モード伝送を適用している。MU-MIMO では BD 法を適用している。MU-MIMO では，各ユーザをそれぞれ STA1〜STA4 としている。基本的な性能を評価するために，AP と STA の送受信距離はそれぞれ一定とした。ただし，ユーザごとには異なるフェージングを与えているため，各指向ごとの瞬時 SNR は異なることに注意されたい。

IEEE 802.11ac で使用される変調方式から算出される伝送レートを**表 6.6** に示す[3]。BD

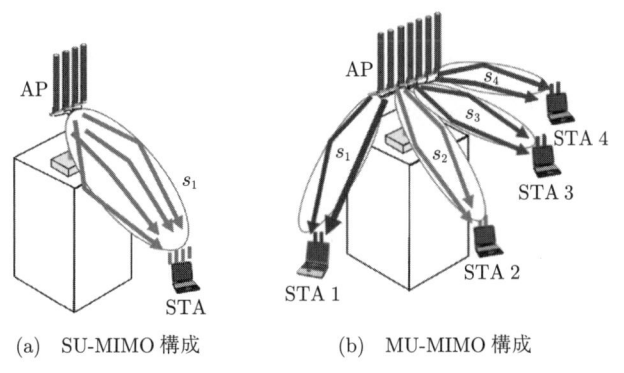

(a)　SU-MIMO 構成　　　　(b)　MU-MIMO 構成

図 **6.8**　SU/MU-MIMO における評価モデル

表 **6.6** IEEE 802.11ac における変調方式と伝送レート
（TR）の関係（40 MHz モード）

変調方式	符号化率	$R_{\min}$	TR〔Mbps〕	SNR〔dB〕
BPSK	1/2	−79	15	6
QPSK	1/2	−76	30	9
QPSK	3/4	−74	45	11
16 QAM	1/2	−71	60	14
16 QAM	3/4	−67	90	18
64 QAM	2/3	−63	120	22
64 QAM	3/4	−62	135	23
64 QAM	5/6	−61	150	24
256 QAM	3/4	−56	180	29
256 QAM	5/6	−54	200	31

法では，固有値（$\tilde{\lambda}_{BD}$）より変調方式が決定される。具体的には，伝搬チャネル行列を変化させる各試行ごとに，$\tilde{\lambda}_{BD}/(N_T\sigma^2)$ を計算し，これらの値が表に示す SNR よりも高くなる場合，該当する変調方式が利用できるとした。ここで，σ^2 は熱雑音電力である。なお，表において，実際に該当する変調方式を IEEE 802.11ac 規格で伝送したとき，BER が 10^{-7} 以下になる場合の SNR を表している。

6.3　SU/MU-MIMO の性能評価

　本節では，従来の MIMO 伝送と SU/MU-MIMO の伝送効率について評価したので紹介する。以下の評価では，AP のストリーム数を 8，STA のストリーム数を 2 とし，最大 4 ユーザに対して多重伝送を行うことを想定した。また以下の結果について，従来の MIMO 伝送を MIMO，固有モードを用いた MIMO 伝送を SU と表記し，MU-MIMO 伝送はユーザ数が 2，3，4 の場合に MU2，MU3，MU4 と表記している。データサイズは 7 500 byte とした。なお本評価では，SU/MU-MIMO の基本的な特性を示すため，先のシミュレーション条件で示したシンプルな構成とした。また MU-MIMO の評価に関しては，STA 間の相関関係を考慮せず，理想的な環境としている。トラヒックはダウンリンクのみとしており，伝搬損失やパケット衝突は発生しない条件で評価を行った。

6.3.1　MCS インデックスごとの性能評価
　図 **6.9** に MCS インデックスに対する，スループット特性および伝送効率の評価結果を示す。評価条件として，1 STA 当りの A-MPDU サイズは，必須サイズ 8 191 byte に収まるイーサネットパケット数から 7 500 byte としており，MU-MIMO はユーザごとに同サイズを送信した。図に各 MCS に対するスループット特性を示す。いずれの場合においても，MCS

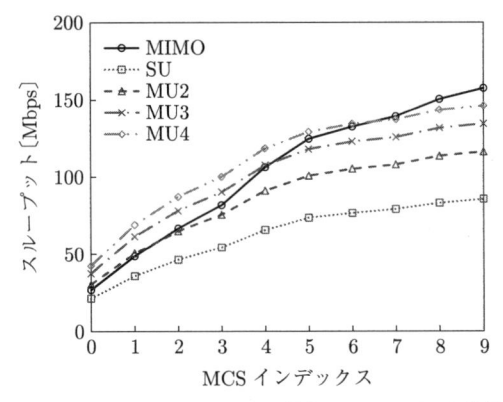

図 6.9 MCS インデックスに対するスループット特性

インデックスが大きい（伝送レートが高い）場合には，スループットが向上していることが
わかる。また，SU よりも MU のほうが，スループット特性は高いことがわかる。しかし，
MCS インデックスが 7，8，9 の場合には，MU よりも従来の MIMO のスループット特性
が高い。これは，ビームフォーミングのために必要となる CSI フィードバックなどのオーバ
ヘッドによる影響が，伝送レートが高くなることで，より顕著に表れるためだと考えられる。
ただし，この評価では，AP-STA 間の伝送距離が MCS インデックスを変更した場合でも同
じであるため，このような結果が得られたが，伝送距離に応じた，MCS インデックスを選択
した場合には，SU-MIMO が有効となるケースがある。

図 6.9 の場合における伝送効率特性を**図 6.10** に示す。ここでの伝送効率は，各 MCS の
PHY 層伝送レートに対するスループットの割合を表している。すなわち MCS の伝送レー
トを 100% とし，実際に MAC 層のデータ（ペイロード）が占める占有率である。図 6.10 か
ら，従来の MIMO の伝送効率が最も高く，ついで SU，MU2，MU3，MU4 の順に効率が
下がることがわかる。これは，CSI フィードバックによりオーバヘッドが増加することに起

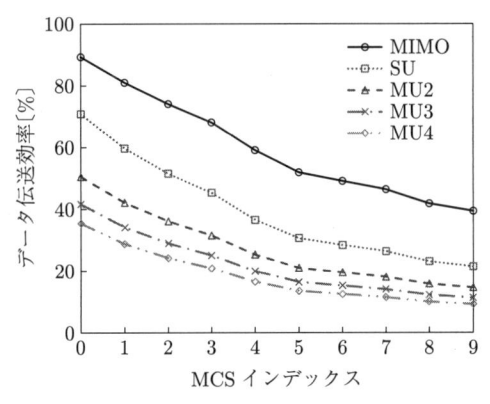

図 6.10 MCS インデックスに対する伝送効率特性

因する。また，いずれの場合においても，MCS インデックスが大きくなるほど伝送効率が低下しているが，これは伝送レートが高くなるほど同一サイズのデータ伝送時間が短くなり，オーバヘッドの影響が増大するためだと考えられる。

6.3.2 アグリゲーションを含む性能評価

前項では，MCS による基本特性を確認するため，802.11ac 標準規格で規定された A-MPDU のサイズは，必須サイズの 8 191 byte を設定していたが，ここでは，A-MPDU サイズを変更した際の評価結果を示す。評価パラメータは最大の伝送レートとなる MCS インデックス：9 に設定（固定）し，A-MPDU サイズ以外のその他のパラメータは前項と同じ値を用いた。図 **6.11** に，A-MPDU サイズを変更した場合のスループット特性を示す。横軸はユーザ当りの A-MPDU サイズを表しており，MU4 の場合における全ユーザの総 A-MPDU サイズは 4 倍となる。図の結果から，A-MPDU サイズの変更は，スループットの改善に貢献することがわかる。特に MU4 は，A-MPDU サイズが小さい場合は，MIMO よりもスループットが低いが，A-MPDU サイズが大きくなると MIMO よりも高いスループットが得られる。これは，オーバヘッドに対してデータ送信のための伝送時間が増加したことによって，効率が改善された効果だと考えられる。したがって，各種伝送方式を効率的に運用するために，A-MPDU のサイズを最適に選択することが重要である。

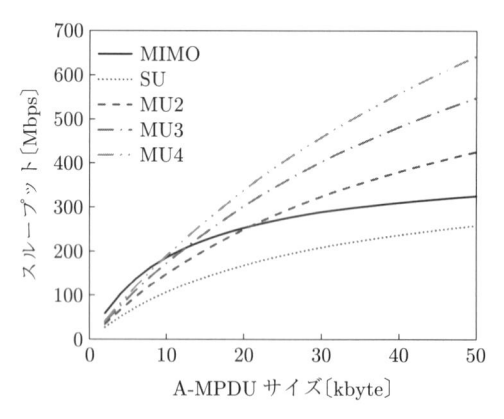

図 **6.11** A-MPDU に対するスループット特性

6.3.3 CSI フィードバックを考慮した性能評価

ここでは，SU/MU-MIMO で用いる CSI フィードバックのオーバヘッドが，スループット特性および伝送効率に与える影響を調査する。伝送レートは，最大の MCS インデックス：9 に設定（固定）し，A-MPDU サイズは，必須サイズ 8 191 byte にイーサネットパケット 1 500 byte が収まる 7 500 byte に設定した。図 **6.12** にチャネル推定のための CSI フィード

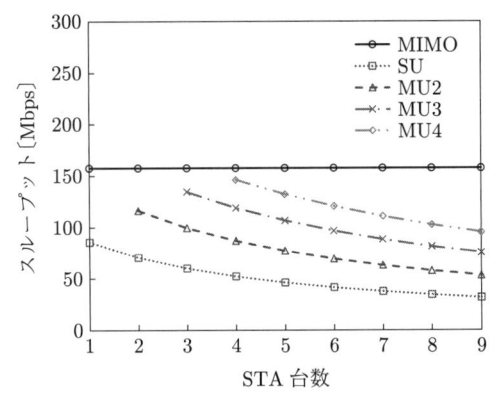

図 **6.12** CSI フィードバックの影響

バック STA 数に対するスループット特性を示す。横軸は，CSI フィードバックを行う STA
台数を示す。MIMO 伝送は，CSI フィードバックを実施しないため，STA の増加によるオー
バヘッドの影響がない。このため，STA が増加した場合にも STA 1 台分のフラットなスルー
プット特性となる。一方，SU/MU-MIMO 伝送は，STA 数が増加するとともにスループッ
トが低下することがわかる。これは，CSI フィードバックを実施する回数が STA 数に応じ
て増加するため，CSI フィードバックのオーバヘッドの影響が大きくなることが要因である。
また，CSI フィードバックを行わない場合と比較して最大スループットも低い。したがって，
チャネル推定を行う場合には，CSI フィードバックを行う STA をどのように選定するのか
が重要な課題である。

6.3.4　基地局と端末間の距離特性を考慮した性能評価

本項では，基地局（AP）–端末（STA）間の距離による影響を評価する。PHY 層の伝搬環
境と伝送距離に対する SNR，MIMO チャンルを評価計算において考慮し，MAC 層のオーバ
ヘッドを含めた MAC-SAP でのスループットを求めている。この評価では CSI 情報の取得な
どの制御信号を考慮した通信効率を評価することを目的とし，伝搬環境としては MU-MIMO
通信にとって理想的な環境である i.i.d. レイリーフェージング環境を採用した。一方，送信
指向性制御はサービスエリア端でその効果が向上することから，屋内モデルとして提案され
ている ITU-R の伝搬損失モデルを採用している。周波数は 5.2 GHz とし，送受信距離に対
する伝搬損失係数は 3.1 とした。サービスエリアは 1〜50 m までを考慮し，MU-MIMO の
指向性制御には BD 法を用いた。BD 法では，固有値（λ_{DB}）より変調方式が決定される。
具体的には，伝搬チャネル行列を変化させる試行ごとに $\lambda_{DB}/(N_T\sigma^2)$ を計算し，これらの
値が表 6.6 に示した変調方式の SNR よりも高くなる場合は，該当する変調方式が利用でき
るとした。ここで，σ^2 は熱雑音電力である。例として，MU4 の場合における距離に対する

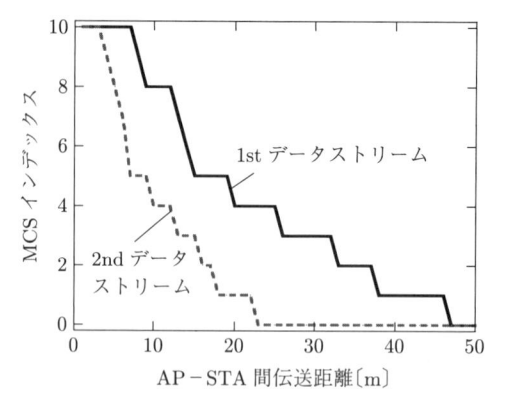

図 **6.13**   AP-STA 間距離に対する MU4 ストリームの
MCS インデックス

ストリームごとの MCS インデックスのパターンを図 **6.13** に示す。図から明らかなように，伝送距離が長くなると MCS インデックスが小さくなるため，伝送レートが低くなることが想定される。

　その他の基本的な評価パラメータと同じ値を用いた図 **6.14** から，MU-MIMO の場合においては，MU-MIMO のユーザ数が少ないほど，AP から離れたサービスエリア端でスループットが高いことがわかる。特に，サービスエリア端では SU が MU よりもスループットが高いことがわかる。また MIMO の場合では，AP 近傍で最もスループットが高いが，AP から離れた場合のスループット低下が著しいことがわかる。これらの結果から，ビームフォーミングによりサービスエリア端での効果が高い。したがって，距離に応じた最適な伝送方法の選択によりスループット向上が図れると考えられる。

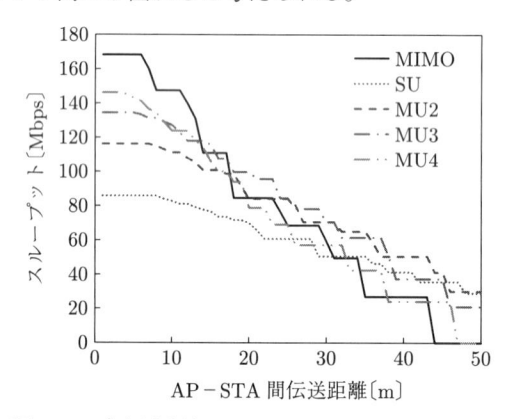

図 **6.14**   各伝送方法におけるスループットの距離特性

6.3.5　各方式の適用領域

　各種評価結果より MIMO，SU/MU-MIMO のスループット特性，伝送効率から適用領域や各種伝送方式の適した利用方法について考察する。6.2.1 項の評価において，MCS インデッ

クス（伝送レート）を変更した場合，伝送レートが高くなると MU-MIMO のスループットや伝送効率は，従来の MIMO よりも低くなる結果が得られた。この結果から伝送距離に応じた MCS インデックスを選択することが重要であることがわかり，MIMO チャネルと伝送距離に対応した SNR より組み合わせたアンテナごとの MCS インデックスを選択することが必要となる。図 6.10 では，MIMO の伝送効率特性が高い MCS インデックス番号が 8,9 の場合は，図 6.13 と図 6.14 で確認すると，伝送距離が近い場合に対応している。すべての利用ケースにおいて MU-MIMO 伝送を利用するよりも，AP-STA 間の距離が十数 m の場合には，従来の MIMO が有効であることが確認できる。また，SU-MIMO のスループット特性は，伝送距離が延びた場合も他の MU-MIMO と比較して低減は少なく，例えば，50 m の場合は，MU3 や MU4 で用いる場合よりも高いスループットが得られる。ただし，従来の MIMO は距離が延びるに従い急激に低下する。

　6.2.2 項の A-MPDU サイズに対するスループット特性では，A-MPDU サイズを大きくした場合，MU-MIMO では多重化した効果が十分に得られ，非常に高いスループットとなる。しかし，実際の利用シーンにおいて，アプリケーションなどを想定すると，A-MPDU サイズが大きすぎる場合には大きな懸念がある。例えば，この効果を得るためにはバースト的に連続で送信できるデータ量が十分に発生するアプリケーションが必要であり，そのようなサービスが必要となる場合にのみ効果が得られる技術となる。また，A-MPDU のサイズが大きいということは，長時間帯域を占有することになる。MU-MIMO を利用する STA のみで構成される場合は効果的ではあるが，他の STA が他の伝送技術を用いている場合には送信権の獲得率が低減し，自律分散制御としては非常に不公平なネットワーク環境となる。すなわち，高画質の映像のようなヘビートラヒックを発生するアプリケーションで，かつ多数のユーザが同時に利用するような特殊なサービスを提供する場合に効果があるといえる。

　従来の無線 LAN の評価では，PHY 層と MAC 層の相互の影響がなかった。しかしこれらの結果より，SU/MU-MIMO 伝送を用いた場合は，相互への影響を考慮することが重要となり，PHY 層と MAC 層を統合して評価することによって，システム全体の特性や性能が確認できるとともに，実際に利用できる適用領域や条件を知ることができる。

6.4　CSI フィードバックを排除する MU-MIMO 伝送の性能評価

　図 **6.15** に，AP と STA の送受信距離に対する PHY レベルでの伝送レート特性を示す。図から明らかなように，送信アンテナ数（N_T）を増加させることにより，同一の送受信距離では伝送レートが，同一の伝送レートではより長い送受信距離で通信が実現できることが確認できる。この計算では，トータルのデータ数が 4 であるため，N_T を 4 から 8 に増加させる

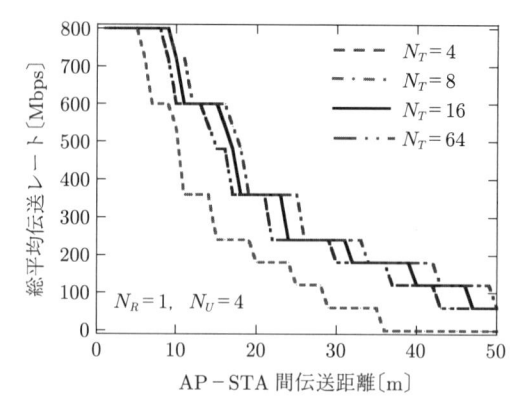

図 **6.15**　送受信距離に対する PHY レベルでの
伝送レート特性

効果は大きいが，それ以上増加させると徐々に効果は小さくなることも確認できる。例えば，送受信距離が 15 m の場合，N_T を 4 から 8，16 に増加させることで伝送レートをそれぞれ 2，2.5 倍にすることができる。サービスエリアを増大させる効果としては，$N_T = 4$ の場合は送受信距離が 35 m までしか通信できないのに対し，N_T を増加すれば 50 m でも十分に通信でき，これに関しては，素子数が増加すればするほど効果が大きくなることが確認できる。

　先の結果により，MU-MIMO における送信指向性制御の効果が示された。つぎに，送信アンテナ数の違いによる CSI の影響を考慮したスループット特性を図 **6.16** に示す。データサイズは 37 500 byte としている。ここでは，CSI フィードバックを考慮した場合と考慮しない場合の特性を比較している。CSI フィードバックを考慮すると，N_T を増加させてもスループット特性が大きく向上しないことがわかる。一方，CSI フィードバックを用いないインプリシットビームフォーミングを適用すると，スループットは N_T が多くなるほど大幅に向上することが確認できる。N_T が 4，16 の場合，送受信距離 $d = 15$ m とすると，それぞれ 11，62 Mbps のスループット改善効果が得られることが確認できた。

　最後にデータサイズを変化させた場合のインプリシットビームフォーミングによりスループット改善効果を図 **6.17** に示す。まず，送受信距離 $d = 20$ m の場合を見ると，$N_T = 4$ の場合は，データサイズが小さくても CSI フィードバックをなくす効果は小さく，その改善は 1.2 倍程度にとどまっている。一方，$N_T = 16$ の場合は，データサイズが 5 000 byte では 1.5 倍のスループット改善効果を得る。さらに，$N_T = 16$ の場合は，送受信距離 $d = 40$ m の場合に最大で 2 倍以上のスループット改善効果を得ることができる。これらの結果から，データサイズが小さく，かつ送信アンテナ数が多い環境でインプリシットビームフォーミングの効果が大きくなることを明らかにした。

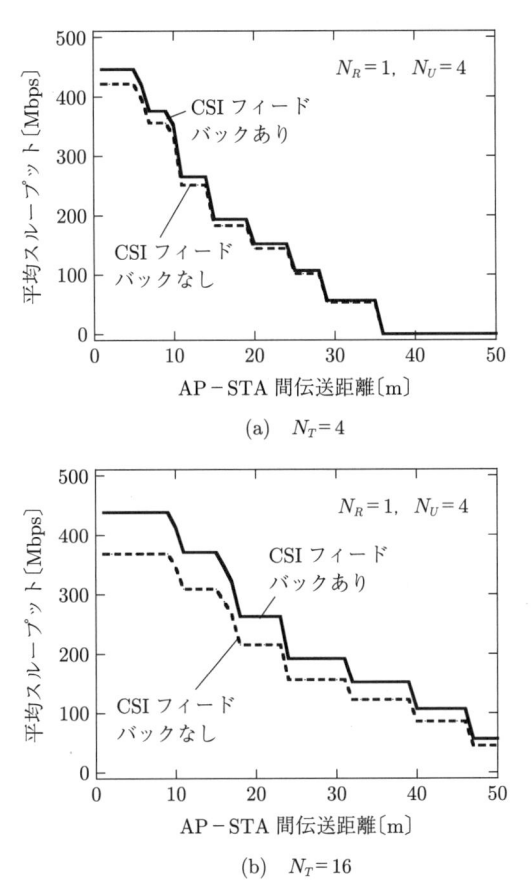

(a) $N_T = 4$

(b) $N_T = 16$

図 **6.16** 送受信距離に対するスループット特性

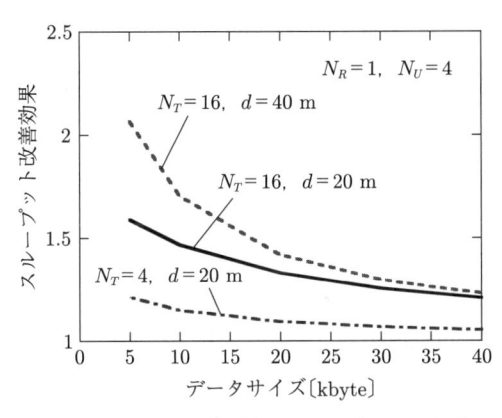

図 **6.17** データサイズに対するインプリシットビーム
フォーミングのスループット改善効果

付　　　録

本書で使用するおもな記号リストを以下に示す。

$E\left[\cdot\right]$	アンサンブル平均
P	送信電力
σ^2	熱雑音電力
L	到来する信号の素波数
M	変調信号の多値数
K	ライスファクタ（K ファクタ）
N_T	送信アンテナ数
N_R	受信アンテナ数
N_U	ユーザ数
t	時刻
$\boldsymbol{s}(t)$	送信信号ベクトル（SU-MIMO，$N_T \times 1$）
$\boldsymbol{y}(t)$	受信信号ベクトル（SU-MIMO，$N_R \times 1$）
$\boldsymbol{n}(t)$	熱雑音ベクトル（SU-MIMO，$N_R \times 1$）
$\tilde{\boldsymbol{s}}(t)$	送信信号の復号結果（SU-MIMO，$N_T \times 1$）
$\hat{\boldsymbol{s}}(t)$	送信信号の硬判定結果（SU-MIMO，$N_T \times 1$）
$\boldsymbol{s}^{(k)}(t)$	k 番目のユーザに対する送信信号ベクトル（MU-MIMO，$N_R \times 1$）
$\boldsymbol{y}^{(k)}(t)$	k 番目のユーザに対する受信信号ベクトル（MU-MIMO，$N_R \times 1$）
$\boldsymbol{n}^{(k)}(t)$	k 番目のユーザに対する熱雑音ベクトル（MU-MIMO，$N_R \times 1$）
$\boldsymbol{H}$	伝搬チャネル行列（SU-MIMO/MU-MIMO，$N_R N_U \times N_T$）
$\boldsymbol{P}$	$\sqrt{P}$ を対角成分の要素とする単位行列（SU-MIMO/MU-MIMO，$N_R N_U \times N_T$）
$\boldsymbol{W}$	受信ウエイト行列（SU-MIMO，$N_R \times N_T$）
$\boldsymbol{H}^{(k)}$	k 番目のユーザに対する伝搬チャネル行列（MU-MIMO，$N_R \times N_T$）
$\boldsymbol{W}^{(k)}$	k 番目のユーザに対する送信ウエイト行列（MU-MIMO，$N_R \times N_T$）
$\boldsymbol{G}$	チャネル行列の相関行列（$= \boldsymbol{H}\boldsymbol{H}^H$，$N_R \times N_R$）
$\boldsymbol{V}$	送信ウエイト行列（固有モード伝送，BD 法，$N_T \times N_T$）
$\boldsymbol{U}$	受信ウエイト行列（固有モード伝送，BD 法，$N_R \times N_R$）
$\boldsymbol{D}$	特異値行列（固有モード伝送，BD 法，$N_R \times N_T$）
$\boldsymbol{I}_N$	単位行列（$N \times N$）
h_{ij}	伝搬チャネル行列の i 番目の受信アンテナ，j 番目の送信アンテナの要素
$h_{ij}^{(k)}$	伝搬チャネル行列の i 番目の受信アンテナ，j 番目の送信アンテナ，k 番目のユーザの要素
λ_i	i 番目の固有値（固有モード伝送）
$\tilde{\lambda}_i^{(k)}$	k 番目のユーザの i 番目の固有値（BD 法）
T	行列およびベクトルの転置

H	行列およびベクトルのエルミート転置
$*$	行列およびベクトルの複素共役
$\det(\cdot)$	行列式
$\min(a, b)$	a, b のうち最小の値
$\|\cdot\|$	ベクトルノルム
$\|\cdot\|_F$	フロベニウスノルム
c_m	変調信号の信号点（$m = 1 \sim M$）

引用・参考文献

1 ）3GPP LTE, *http : //www.3gpp.org/article/lte*（2017 年 5 月現在）

2 ）IEEE 802.11, *http : //www.ieee802.org/11/*（2017 年 5 月現在）

3 ）IEEE P802.11ac./D5.0, Part 11: Wireless LAN Medium Access Control (MAC) and Physical Layer (PHY) specifications.

4 ）J. H. Winters, "On the capacity of radio communication systems with diversity in a Rayleigh fading environment," IEEE Journal Select Areas Commun., vol.SAC-5, pp. 871–878, June 1987.

5 ）A. Goldsmith, "Wireless Communications," Cambridge University Press, 2005.

6 ）A. J. Viterbi, "CDMA : Principles of spread spectrum communication," 1995.

7 ）横山光雄，"スペクトル拡散通信システム，" 科学技術出版，1988.

8 ）*http : //www.wimaxforum.org/*（2017 年 5 月現在）

9 ）通信白書，*http : //www.soumu.go.jp/johotsusintokei/whitepaper/ja/h26/html/ nc255230.html*（2017 年 5 月現在）

10）守倉正博，久保田周治 監修，"改訂三版 802.11 高速無線 LAN 教科書," インプレス R&D, 2008.

11）伊丹誠，"わかりやすい OFDM 技術," オーム社，2005.

12）服部武 監修，"OFDM/OFDMA 教科書," インプレス R&D, 2008.

13）G. J. Foschini and M. J. Gans, "On limits of wireless communications in a fading environment when using multiple antennas," Wireless Personal Commun., vol.6, pp. 311–335, 1998.

14）I.E. Telatar, "Capacity of multiantenna Gaussian channels," Euro. Trans. Telecommun., vol.1, no.6, Nov./Dec. 1999.

15）A. Zelst and T. C. W. Schenk, "Implementation of a MIMO OFDM based wireless LAN systems," IEEE Trans. Signal Process., Vol.52, No.2, pp. 483–494, Feb. 2004.

16）A. Paulaj, R. Nabar, and D. Gore, "Introduction to space-time wireless communications," Cambridge University Press 2003.

17）T. Ohgane, T. Nishimura, and Y. Ogawa, "Applications of Space Division Multiplexing and Those Performance in a MIMO Channel," IEICE Trans. Commun. Vol.E88-B, No.5, May 2005.

18）H. Taoka, K. Dai, K. Higuchi and M. Sawahashi, "Field Experiments on Ultimate Frequency Efficiency Exceeding 30 Bit/Second/Hz Using MLD Signal Detection in MIMO-OFDM Broadband Packet Radio Access," Proc. of IEEE VTC2007-Spring, pp. 2129–2134, April, 2007.

19）G. Tsoulos, J. McGeehan and M.A. Beach, "Space Division Multiple Access (SDMA) Field Trials. Part 1: Tracking and BER Performance," IEE Proc. Radar, Sonar Navig., Vol.145,

No.1, Feb 1998, p73–78.

20) Y. Doi, J.Kitakado, T. Ito, T. Miyata, S. Nakao, T. Ohgane and Y. Ogawa, "Development and Evaluation of the SDMA Test Bed for PHS in the Field," IEICE Trans. Commun., Vol.E86-B, No.12, pp.3433–3440, Dec. 2003.

21) K. Nishimori and K. Cho, "Evaluation of SDMA employing vertical pattern and polarization control in actual cellular environment measurement," Proc. of IEEE VTC 2004-Spring, vol.1, pp.244–248, May 2004.

22) Q.H. Spencer, C.B. Peel, A.L. Swindlehurst, and M. Haardt, "An introduction to the multi-user MIMO downlin," IEEE Communication Magazine, vol.42, no.10, pp. 60–67, Oct. 2004.

23) D. Gesbert, M. Kountouris, R. W. Heath Jr., C.-B. Chae, and T. Salzer, "Shifting the MIMO Paradigm," IEEE Signal Processing Magagine, vol.24, no.5, pp.36–46, Sept. 2007.

24) Y. Takatori and K. Nishimori, "Application of Downlink Multiuser MIMO Transmission Technology to Next Generation Very High Throughput Wireless Access Systems, IEICE Trans. B Vol.J93-B, No9. pp.1127–1139, Sept. 2010.

25) 西森健太郎, "マルチユーザ MIMO の基礎," コロナ社, 2014.

26) E. G. Larsson, "Very large MIMO systems," ICASSP 2012 Tutorial.

27) F. Rusek, D. Persson, B. K. Lau, E. G. Larsson, T. L. Marzetta, O. Edfors, and F. Tufvesson, "Scaling Up MIMO – Opportunities and challenges with very large MIMO–," IEEE Signal Processing Magazine, pp.40–60, Jan. 2013.

28) J. Hoydis, S. ten Brink, and M. Debbah, "Massive MIMO in the UL/DL of Cellular Networks: How Many Antennas Do We Need ?," IEEE Journal of Selected Areas on Communications, Vol.31, No.2, pp.160–171, Feb. 2013.

29) E. Dahlman et. al., "LTE-Advanced - Evolving LTE towards IMT-Advanced," Proc. of VTC2008-Fall, Sept. 2008.

30) IEEE 802.11ax, $http://www.ieee802.org/11ax/$（2017 年 5 月現在）

31) 日本ナショナルインスツルメンツ株式会社　ホワイトペーパー「高効率な無線 LAN 規格、IEEE 802.11ax の概要」$http://www.ni.com/white-paper/53150/ja/$（2017 年 5 月現在）

32) R. V. Nee, A. V. Zelst, and G. A. Awater "Maximum likelihood decoding in a space division multiplexing system," Proc. IEEE VTC2000, pp.6–10, May 2000.

33) B.Widrow, P.E.Mantey, L.J.Griffiths, and B.B.Goode, "Adaptive Antenna Systems," Proc.IEEE, vol.55, no.12, pp.2143–2159, Dec. 1967.

34) P.W. Wolniansky, G. J. Foschini, G. D. Golden and R. A. Valenzuela, "V-BLAST: an architecture for realizing very high data rates over the rich-scattering wireless channel," Proc. of International Symposium on Signals, Systems, and Electronics, pp.295–300, Oct. 1998.

35) G. D. Golden, G. J. Foschini, R. A. Valenzuela and P.W. Wolniansky , "Detection algorithm and initial laboratory results using V-BLAST space-time communication architecture," Electronics Letters, col.35, no.1, pp.14–16, Jan. 1999.

36) A. Burg, M. Borgmann, M. Wenk, M. Zellweger, W. Fichtner, "VLSI Implementation of MIMO Detection Using the Sphere Decoding Algorithm," IEEE Journal of Solid-State

Circuits, vol.40, no.7, July 2005.

37) J. B. Andersen, "Array gain and capacity for known random channels with multiple element arrays at both ends," IEEE J. Sel. Areas Commun., vol.18, No.11, pp.2172–2178, Nov. 2000.

38) K. Miyashita, T. Nishimura, T. Ohgane, Y. Ogawa, Y. Takatori, K. Cho, "High data-rate transmission with eigenbeam-space division multiplexing (E-SDM) in a MIMO channel," Pro. of Vehicular Technology Conference (VTC) 2002-Fall, vol.3, pp.1302–1306, Oct. 2002.

39) K. Nishimori, R. Kudo, Y. Takatori, and K. Tsunekawa, "Evaluation of 8x4 Eigenmode SDM Transmission in Broadband MIMO-OFDM Systems," NTT Technical Review, vol.3 no.9, pp.50–59, Sept. 2005.

40) T. Murakami, H. Fukuzono, Y. Takatori, and M. Mizoguchi, "Multiuser MIMO with implicit channel feeback in massive antenna systems," IEICE Communications Express, Vol.2 No.8 pp.336–342, Aug. 2013.

41) R.A.Monzingo and T.W.Miller, "Introduction to Adaptive array," John Willy & Sons, New York, 1980.

42) 菊間信良, "アレーアンテナによる適応信号処理," 科学技術出版, 1998.

43) Q. H. Spencer, A. L. Swindlehurst, and M. Haardt, "Zero forcing methods for downlink spatial multiplexing in multiuser MIMO channels," IEEE Trans. Sig. Processing, vol.52, no.2, pp.461–471, Feb. 2004.

44) M. H. M. Costa, "Writing on dirty paper," IEEE Trans. Inf. Theory, IT-29, pp.439–441, May 1983.

45) Z. Shen, R. Chen, J. G. Andrews, R. W. Heath, Jr., and B. L. Evans, "Low complexity user selection algorithm for multiuser MIMO systems with block diagonalization," IEEE Trans. Signal Process., vol.54, no.9, Sept. 2006.

46) T. Yoo and A. Goldsmith, "On the optimality of multiantenna broadcast scheduling using zero-forcing beamforming," IEEE Jour. Select. Areas in Commun., vol.24, no.3, pp.528–541, March 2006.

47) G. Dimi and N. D. Sidiropoulos, "On downlink beamforming with greedy user selection: Performance analysis and a simple new algorithm," IEEE Trans. Sig. Proc., vol.53, no.10, pp.3857–3868, Oct. 2005.

48) G. Dimi and N. D. Sidiropoulos, "On downlink beamforming with greedy user selection: Performance analysis and a simple new algorithm," IEEE Trans. Sig. Proc., vol.53, no.10, pp.3857–3868, Oct. 2005.

49) R. Kudo, Y. Takatori, K. Nishimori, A. Ohta, and S. Kubota, "A New User Selection Measure in Block Diagonalization Algorithm for Multiuser MIMO Systems," IEICE Trans. Commun., vol.E92-B, no.10, pp.3206–3218, Oct. 2009.

50) M. Tomlinson, "New automatic equaliser employing modulo arithmetic," Electronics Letters, vol.7, no.5/6, pp.138–139, March 1971.

51) C. B. Peel, B. M. Hochwald, and A. L. Swindlehurst, "A vector-perturbation technique for near-capacity multiantenna multiuser communication : Part I: Channel inversion and regularization," IEEE Trans. Commun., vol.53, pp.195–202, Jan. 2005.

52) B. M. Hochwald, C. B. Peel, and A. L. Swindlehurst, "A vector perturbation technique for near capacity multiantenna multiuser communication: Part II: perturbation," IEEE Trans. Commun, vol.53, no.3, pp.537–544, Mar. 2005.

53) C. B. Chae, S. Shim, and R. W. Heath, Jr, "Block diagonalized vector perturbation for multiuser MIMO systems," IEEE Trans. Wireless Communications, vol.7, no.11, pp.4051–4057, Nov. 2008.

54) D. J. Love and R. W. Heath, "What Is the Value of Limited Feedback for MIMO Channels," IEEE Communication Magazine, pp.54–59, Oct. 2004.

55) D. J. Love, R. W. Heath, Jr., V. K. N. Lau, D. Gesbert, B. D. Rao, and M. Andrews, "An overview of limited feedback in wireless communication systems," IEEE J. Select. Areas Commun., vol.26, no.8, pp.1341–1365, Oct. 2008.

56) N. Jindal, "MIMO broadcast channels with finite-rate feedback," IEEE Trans. Information Theory, vol.52, no.11, pp.5045–5058, Nov. 2006.

57) A.D. Dabbagh and D.J. Love, "Feedback rate-capacity loss tradeoff for limited feedback MIMO systems," IEEE Transactions on Information Theory, Vol.51, No.8, pp.2190–2202, Aug. 2005.

58) M. Biguesh and A.B. Gershman, "Training-based MIMO channel estimation: a study of estimator tradeoffs and optimal training signals," IEEE Transactions on Signal Processing, vol.54, no.3, pp.884–893, March 2006.

59) D. J. Love and R. W. Heath, "Limited feedback unitary precoding for spatial multiplexing systems," IEEE Transactions on Information Theory, Vol.52, No.5, pp.2967–2976 Aug. 2005.

60) N. Ravindran and N. Jindal, "Limited feedback-based block diagonalization for the MIMO broadcast channel," IEEE Journal on Selected Areas in Communications, Vo. 26, No.8, pp.1473–1482, Oct. 2008.

61) Y. Taesang, N. Jindal, and A. Goldsmith, "Multi-Antenna Downlink Channels with Limited Feedback and User Selection," IEEE Journal on Selected Areas in Communications, Vo. 27, No.8, pp.1478–1491, Sept. 2007.

62) J. Choi and R. W. Heath, "Interpolation based transmit beamforming for MIMO-OFDM with limited feedback," IEEE Transactions on Signal Processing, Vol.53, No.11, pp.4125–4135, Nov. 2005.

63) Y. Hatagawa, T. Matsumoto, and S. Konishi, "Development and experiment of linear and non-linear pre-coding on a real-time multiuser MIMO testbed with limited CSI feedback," IEEE PIMRC 2013, pp.1606–1611, Sept. 2012.

64) T. Matsumoto, Y. Hatagawa, and S. Konishi, "Experimental performance evaluation of time-domain CSI compression scheme using 8×8 multiuser MIMO testbed," IEEE VTS APWCS 2013, Aug. 2013.

65) E. G. Larsson, "Very large MIMO systems," ICASSP 2012 Tutorial.

66) F. Rusek, D. Persson, B. K. Lau, E. G. Larsson, T. L. Marzetta, O. Edfors, and F. Tufvesson, "Scaling up MIMO – Opportunities and challenges with very large MIMO–," IEEE Signal Processing Magazine, pp.40–60, Jan. 2013.

67) J. Hoydis, S. ten Brink, and M. Debbah, "Massive MIMO in the UL/DL of cellular networks: How many antennas do we need?," IEEE Journal on Selected Areas in Communications, Vol.31, No.2, pp.160–171, Feb. 2013.

68) K. Nishimori, K. Cho, Y. Takatori, and T. Hori, "Automatic Calibration Method using Transmitting Signals of an Adaptive Array for TDD Systems," IEEE Trans. Veh. Tech., vol.50, no.6, Nov. 2001.

69) K. Nishimori, K. Cho, Y. Takatori, and T. Hori, "A Novel Configuration for Realizing Automatic Calibration of Adaptive Array Using Dispersed SPDT Switches for TDD systems," IEICE Trans. Commun., vol.E84-B, no.9, pp.2516–2522, Sept., 2001.

70) Y. Hara, Y. Yano, and H. Kubo, "Antenna Array Calibration Using Frequency Selection in OFDMA/TDD Systems," Proc. in IEEE GLOBECOM 2008, Nov.-Dec. 2008.

71) P. Zetterberg, "Experimental investigation of TDD reciprocity-based zero-forcing transmit precoding," EURASIP Journal on Advances in Signal Processing, No.5, 2011.

72) K. Nishimori, T. Hiraguri, and H. Makino, "Transmission Rate by User Antenna Selection for Block Diagonalization Based Multiuser MIMO System," IEICE Trans. Commun. Vol.E97-B, No.10, pp.2118–2126, Oct. 2014.

73) Rec. ITU-R P. 1238-4, P Series, 2005.

74) Takefumi HIRAGURI Kentaro NISHIMORI, "Survey of Transmission Methods and Efficiency Using MIMO Technologies for Wireless LAN Systems," IEICE trans. On Commun. Vol.E98-B, No.7, pp.1250–1267, July 2015.

75) G. Bianchi, "Performance Analysis of the IEEE 802.11 Distributed Coordination Function," IEEE Journal on Selected Areas in Communications, vol.18, no.3, pp.535–547, 2000.

76) H. Jin, B.C. Jung, H.Y. Hwang, and D.K. Sung, "A MIMO-based collision mitigation scheme in uplink WLANs," IEEE Commun. Lett., vol.12, no.6, pp.417–419, June 2008.

77) F. Kaltenberger, M. Kountouris, D. Gesbert, and R. Knopp, "On the trade-off between feedback and capacity in measured MU-MIMO channels," IEEE Trans. Wireless Commun., vol.8, no.9, pp.4866–4875, Sept. 2009.

78) H. Jin, B.C. Jung, and D.K. Sung, "A tradeoff between single-user and multi-user MIMO schemes in multi-rate uplink WLANs," IEEE Trans. Wireless Commun., vol.10, no.10, pp.3332–3342, Oct. 2011.

79) B. Bellalta, J. Barcelo, D. Staehle, A. Vinel, and M. Oliver, "On the performance of packet aggregation in IEEE 802.11ac MU-MIMO WLANs," IEEE Commun. Lett., vol.16, no.10, pp.1588–1591, Oct. 2012.

80) J. Cha, H. Jin, B.C. Jung, and D.K. Sung, "Performance comparison of downlink user multiplexing schemes in IEEE 802.11ac: Multi-user MIMO vs. frame aggregation," Proc. IEEE WCNC 2012, pp.1514–1519, April 2012.

81) G. Redieteab, L. Cariou, P. Christin, and J.-F. Helard, "PHY+MAC channel sounding interval analysis for IEEE 802.11ac MUMIMO," Proc. ISWCS 2012, pp.1054–1058, Aug. 2012.

82) A. Farajidana, W. Chen, A. Damnjanovic, T. Yoo, D. Malladi, and C. Lott, "3GPP LTE downlink system performance," Proc. IEEE Global Telecom. 2009, pp.1–6, Nov 2009.

83) G. Redieteab, L. Cariou, P. Christin, J.F. Helard, and N. Cocaignv, "Novel cross-layer simulation platform to include realistic channel modeling in system simulations," Int. J. Comput. Netw. Commun. (IJCNC), vol.4, no.4, pp.89–106, July 2012.

84) G. Redieteab, L. Cariou, P. Christin, and J.-F. Helard, "SU/MU-MIMO in IEEE 802.11ac: PHY+MAC performance comparison for single antenna stations," Proc. WTS 2012, pp.1–5, April 2012.

85) B. Zhang, G. Zhu, Y. Liu, Y. Deng, and Y. He, "Downlink precoding for multiuser spatial multiplexing MIMO system using linear receiver," Proc. Wireless Comm., Netw. and Mobile Computing, vol.1, pp.151–154, Sept. 2005.

86) K.C. Beh, A. Doufexi, and S. Armour, "On the performance of SU-MIMO and MU-MIMO in 3GPP LTE downlink," Proc. IEEE Int. Symp. Personal, Indoor and Mobile Radio Comm., pp.1482–1486, Sept. 2009.

87) L. Li, W. Jing, and W. Xiaoyun, "ZF beamforming performance analysis for multiuser spatial multiplexing with imperfect channel feedback," Proc. Wireless Comm., Netw. and Mobile Computing, pp.869–872, Sept. 2007.

88) H. Jin, B.C. Jung, H.Y. Hwang, and D.K. Sung, "Performance comparison of uplink WLANs with single-user and multi-user MIMO schemes," Proc. IEEE Wireless Communications and Networking Conference (WCNC), pp.1854–1859, March/April 2008.

89) M.X. Gong, E. Perahia, R. Stacey, R. Want, and S. Mao, "A CSMA/CA MAC protocol for multi-user MIMO wireless LANs," Proc. of IEEE GLOBECOM 2010, pp.1–6, Miami, F1, Dec. 2010.

その他，全章にわたって参考となる文献を以下に挙げる。

90) "MIMO Implementation Aspects," Proc. IEEE RAWCON,Workshop, WS2, Sept, 2004.

91) J. G. Proakis, "Digital Communications," 3rd edition, McGraw-Hill, 1995.

92) Cisco, "The Zettabyte Era-Trends and Analysis," in Cisco White Paper, pp.1–19, 2013.

93) IEEE, "IEEE STANDARDS BOARD OPERATIONS MANUAL," $http://standards.ieee.org/develop/policies/opman/sect1.html$ （2017 年 5 月現在）

94) IEEE Standard for Information Technology-LAN/MAN-Part 11: Wireless LAN Medium Access Control and Physical Layer Specifications Amendment: Medium access control (MAC)Enhancements for Quality of Service, IEEE 802.11e, pp.1–211, 2005.

95) G. Bianchi, I. Tinnirello, and L. Scalia, "Understanding 802.11 e contention-based prioritization mechanisms and their coexistence with legacy 802.11 stations," IEEE trans. on Network, vol.19, no.4, pp.28–34, July 2005.

96) P. Y Wu, J. J Chen, Y. C Tseng, and H.W Lee, "Design of QoS and Admission Control for VoIP Services Over IEEE 802.11e WLANs," Journal of Information Science & Engineering, Vol.24 Issue 4, pp.1003–1021, July 2008.

97) T. Hiraguri, T. Kimura, T. Ogawa, H. Takase, A. Kishida, and K. Nishimori, "Admission and Traffic Control Schemes Suitable for QoS Applications in WLAN Systems," American Journal of Operations Research, Vol.2 No.3, DOI: 10.4236/ajor.2012.23046, pp.382-390, Sept. 2012.

98) K.Maraslis, P.Chatzimisios, and A. Boucouvalas, "IEEE 802.11aa: Improvements on video transmission over wireless LANs," Proc. IEEE on ICC2012, DOI: 10.1109/ICC.2012.6364431, pp.115–119, June 2012.

99) A. de la Oliva, P. Serrano, P. Salvador, and A. Banchs, "Performance evaluation of the IEEE 802.11aa multicast mechanisms for video streaming," Proc. IEEE WoWMoM 2023, DOI: 10.1109/WoWMoM.2013.6583394, pp.1–9, June 2013.

100) P Salvador, L. Cominardi, F. Gringoli, and P. Serrano, "A first implementation and evaluation of the IEEE 802.11aa group addressed transmission service," ACM SIGCOMM Computer Communication Review, Vol.44 Issue 1, pp.35–41, January 2014.

101) IEEE Standard for Information technology-Telecommunications and information exchange between systems Local and metropolitan area networks Specific requirements Part 11: Wireless LAN Medium Access Control (MAC) and Physical Layer (PHY) Specifications, IEEE Std 802.11-2012, pp.1–2793, 2012.

102) Y. Takatori, R. Kudo, A. Ohta, K. Ishihara, K. Nishimori, and S. Kubota, "New Robust Beamforming Method for Frequency Offsets in Uplink Multiuser OFDM-MIMO," IEICE Trans. Commun., vol.E90-B no.9 pp.2312–2320, Sept. 2007.

103) K. Ishihara, Y. Takatori, K. Nishimori, and K. Okada, "Overlap Frequency-domain Multiuser Detection for Asynchronous Uplink Multiuser MIMO-OFDM Systems," IEICE Trans. Commun., vol.E92-B no.5 pp.1582–1588, May. 2009.

104) IEEE,"Official IEEE802.11 Working group project timelines, $http://www.ieee802.org/11/Reports/802.11\_Timelinse.htm$（2017 年 5 月現在）

105) K. K. Wong, R. D. Murch, and K. B. Letaief, "A joint-channel diagonalization for multiuser MIMO antenna systems," IEEE Trans. Wireless Commun., vol.2, pp.773–786, July 2003.

106) S. Vishwanath, N. Jindal, and A. Goldsmith, "Duality, Achievable Rates, and Sum-Rate Capacity of Gaussian MIMO Broadcast Channels," IEEE Trans Information Theory, Vol.49, No.10, pp. 2658–2668, Oct. 2003.

107) L. Kleinrock and F. A. Tobagi, "Packet Switching in Radio Channels: Part I-Carrier Sense Multiple Access Models and Their Throughput Delay Characteristics," IEEE Trans. On. Commun., vol.COM-23, No.12, pp.1400–1416, Dec.1975.

108) H. Bolcskei and A. J. Paulraj, "The Communications Handbook," 2nd edition, J. Gibson, ed., CRC Press, pp.90.1–90.14, 2002.

109) B. Ginzburg and A. Kesselman, "Performance Analysis of A-MPDU and A-MSDU Aggregation in IEEE 802.11n," Proc. Sarnoff Symposium, 2007 IEEE, DOI: 10.1109/SARNOF.2007.4567389, May 2007.

110) D. Skordoulis, Ni. Qiang, and A.P. Stephens, "IEEE 802.11n MAC frame aggregation mechanisms for next-generation high-throughput WLANs," Trans. IEEE wireless comm., DOI: 10.1109/MWC.2008.4454703, Feb. 2008.

111) T. Y. Arif and R. F. Sari, "Throughput Estimates for A-MPDU and Block ACK Schemes Using HT-PHY Layer," Oural of computers, Vol.9, No.3, March 2014.

112) L. Cai, H. Shan, W. Zhuang, X. Shen, J. Mark, and Z. Wang, "A distributed multi-user

MIMO MAC protocol for wireless local area networks," Proc. IEEE Globecom 2008, Dec. 2008.

113) M. X. Gong, E. Perahia, R. Stacey, R. Want, and S. Mao, "A CSMA/CA MAC Protocol for Multi-User MIMO Wireless LANs," Proc. IEEE Globecom 2010, DOI: 10.1109/ GLOCOM.2010.5684351, Dec. 2010.

114) A. Ettefagh, M. Kuhn, C. Eli, and A. Wittneben, "Performance analysis of distributed cluster-based MAC protocol for multiuser MIMO wireless networks," Springer international pub., DOI: 10.1186/1687-1499-2011-34, July 2011.

115) R. Liao, B. Bellalta, M. Oliver, and Z. Niu, "MU-MIMO MAC Protocols for Wireless Local Area Networks: A Survey," CoRR abs/1404.1622, Apr 2014.

116) J. H. Winter, "Smart antennas for wireless systems," IEEE Personal Commun Mag., Vol.5, pp.23–27, Feb 1998.

117) J. Litva and T. K. Lo, "Digital Beam Forming in Wireless Communication," Norwood, MA: Artech House, 1996.

118) M. Joham, W. Utschick, and J. A. Nossek, "Linear Transmit Processing in MIMO," Communications Systems, IEEE Trans. Signal Proccessing, Vol.53, No.8, pp.2700–2712, Aug. 2005.

119) G. Tsoulos, J. McGeehan, and M. Beach, "Space division multiple access (SDMA) field trials. 2. Calibration and linearity issues," IEE Proceedings, Radar, Sonar and Navigation, Vol.145, No.1, pp.79–84, Feb 1998.

120) J Shi, Q Luo, and M You, "An efficient method for enhancing TDD over the air reciprocity calibration," Proc. in 2011 IEEE Wireless Communications and Networking Conference (WCNC), pp.339–344, March 2011.

121) H. Jin, B. C. Jung, H. Y. Hwang, and D. K. Sung, "A MIMO-based collision mitigation scheme in uplink WLANs," IEEE Commun. Lett., vol.12, no.6, pp.417–419, June 2008.

122) F. Kaltenberger, M. Kountouris, D. Gesbert, R. Knopp, "On the trade-off between feedback and Capacity in measured MU-MIMO channels," IEEE Trans. Wireless Commun., vol.8, no.9, pp.4866–4875, Sep. 2009.

123) Hu Jin, Bang Chul Jung, and Dan Keun Sung, "A Tradeoff Between Single-User and Multi-User MIMO Schemes in Multi-Rate Uplink WLANs," IEEE Transactions on Wireless Communications, Volume 10, Issue 10, pp.3332–3342, Oct 2011.

124) B. Bellalta, J. Barcelo, D. Staehle, A. Vinel, and M. Oliver, "On the Performance of Packet Aggregation in IEEE 802.11ac MU-MIMO WLANs," IEEE Communications Letters, Vol.16, Issue 10, pp.1588–1591, Oct. 2012.

125) J. Cha, H. Jin, B. C. Jung, and D. K. Sung, "Performance comparison of downlink user multiplexing schemes in IEEE 802.11ac: Multi-user MIMO vs. frame aggregation," Proc. IEEE WCNC 2012, DOI 0.1109/WCNC.2012.6214021, April 2012.

126) G. Redieteab, L. Cariou, P. Christin, and J.-F. Helard, "PHY+MAC channel sounding interval analysis for IEEE 802.11ac MU-MIMO," Proc. ISWCS 2012, DOI 10.1109/ISWCS.2012.6328529, Aug. 2012.

127) A. Farajidana, et al., "3GPP LTE downlink system performance," Proc. IEEE Global

Telecom 2009, pp.1–6, Nov 2009.

128) G. Redieteab, L. Cariou, P. Christin, J.F. Helard, and N. Cocaignv, "Novel cross-layer simulation platform to include realistic channel modeling in system simulations," International Journal of Computer Networks and Communications (IJCNC) Vol.4, No.4, July 2012.

129) G. Redieteab, L. Cariou, P. Christin, and J.-F. Helard, "SU/MU-MIMO in IEEE 802.11ac: PHY+MAC performance comparison for single antenna stations," Proc. WTS 2012, DOI 0.1109/WTS.2012.6266132, April 2012.

130) B. Zhang, et al., "Downlink precoding for multiuser spatial multiplexing MIMO system using linear receiver," Proc. Wireless Comm., Netw. and Mobile Computing, vol.1, pp.151–154, Sept. 2005.

131) K. C. Beh, A. Doufexi, and S. Armour, "On the performance of SU-MIMO and MU-MIMO in 3GPP LTE downlink," Proc. IEEE Int. Symp. on Personal, Indoor and Mobile Radio Comm., pp.1482–1486, Sept. 2009.

132) L. Li, W. Jing, and W. Xiaoyun, "ZF beamforming performance analysis for multiuser spatial multiplexing with imperfect channel feedback," Proc. Wireless Comm., Netw. and Mobile Computing, pp.869–872, Sept. 2007.

133) H. Jin, B. C. Jung, H. Y. Hwang, and D. K. Sung, "Performance comparison of uplink WLANs with single-user and multi-user MIMO schemes," Proc. IEEE Wireless Communications and Networking Conference (WCNC), pp.1854–1859, Mar. 31-Apr. 3 2008.

134) M.X. Gong, E. Perahia, R. Stacey, R. Want, and S. Mao, "A CSMA/CA MAC protocol for multi-user MIMO wireless LANs," Proc. IEEE GLOBECOM 2010, Miami, FL, Dec. 2010, pp.1–6.

135) K. Nishimori, N. Tachikawa, Y. Takatori, R. Kudo, and K. Tsunekawa, "Frequency Correlation Characteristics Due to Antenna Configurations in Broadband MIMO Transmission," IEICE Trans. Commun., vol.E88-B, no.6, pp.2348–2445, June 2005.

索　　　　　　引

—— 著 者 略 歴 ——

西森健太郎（にしもり　けんたろう）
1994 年　名古屋工業大学工学部電気情報工学科卒業
1996 年　名古屋工業大学大学院工学研究科博士前期課程
　　　　修了（電気情報工学専攻）
　　　　日本電信電話株式会社入社
2003 年　博士（工学）（名古屋工業大学）
2006 年　デンマーク　オールボー大学客員研究員
2009 年　新潟大学准教授
　　　　現在に至る

平栗　健史（ひらぐり　たけふみ）
1999 年　筑波大学大学院理工学研究科博士前期課程修了
　　　　（理工学専攻）
　　　　日本電信電話株式会社入社
2008 年　博士（情報学）（筑波大学）
2010 年　日本工業大学准教授
2016 年　日本工業大学教授
　　　　現在に至る

超進化 802.11 高速無線 LAN 教科書
MIMO から Massive MIMO を用いた
伝送技術とクロスレイヤ評価手法
Transmission Technologies towards MIMO to Massive MIMO
　and Cross-layer Evaluation Methods
—Ultra-evolutionary 802.11 High-speed Wireless LAN Textbook—
ⓒ Kentaro Nishimori, Takefumi Hiraguri 2017

2017 年 11 月 2 日　初版第 1 刷発行　　　　　　　　　★

検印省略	著　者	西　森　健太郎
		平　栗　健　史
	発 行 者	株式会社　コ ロ ナ 社
	代 表 者	牛　来　真　也
	印 刷 所	三 美 印 刷 株 式 会 社
	製 本 所	有限会社　愛 千 製 本 所

112–0011　東京都文京区千石 4–46–10
発 行 所　株式会社　コ ロ ナ 社
CORONA PUBLISHING CO., LTD.
Tokyo Japan
振替 00140–8–14844・電話(03)3941–3131(代)
ホームページ　http://www.coronasha.co.jp

ISBN 978–4–339–00903–3　C3055　Printed in Japan　　　　（齋藤）

情報ネットワーク科学シリーズ

（各巻A5判）

コロナ社創立90周年記念出版 〔創立1927年〕

■電子情報通信学会 監修
■編集委員長　村田正幸
■編集委員　会田雅樹・成瀬　誠・長谷川幹雄

本シリーズは，従来の情報ネットワーク分野における学術基盤では取り扱うことが困難な諸問題，すなわち，大量で多様な端末の収容，ネットワークの大規模化・多様化・複雑化・モバイル化・仮想化，省エネルギーに代表される環境調和性能を含めた物理世界とネットワーク世界の調和，安全性・信頼性の確保などの問題を克服し，今後の情報ネットワークのますますの発展を支えるための学術基盤としての「情報ネットワーク科学」の体系化を目指すものである．

シリーズ構成

電子情報通信レクチャーシリーズ

■電子情報通信学会編　　　　　（各巻B5判）

定価は本体価格+税です。
定価は変更されることがありますのでご了承下さい。

||||||||||||||||||||||||||||||||| 図書目録進呈◆

大学講義シリーズ

（各巻A5判，欠番は品切です）

以下続刊

電気機器学	中西・正田・村上共著	電気・電子材料	水谷 照吉他著
半導体物性工学	長谷川英機他著	情報システム理論	長谷川・高橋・笠原共著
数値解析（2）	有本 卓著	現代システム理論	神山 真一著

定価は本体価格+税です。
定価は変更されることがありますのでご了承下さい。

図書目録進呈◆